文化伟人代表作图释书系

An Illustrated Series of
Masterpieces of the Great
Minds

非凡的阅读

从影响每一代学人的知识名著开始

知识分子阅读，不仅是指其特有的阅读姿态和思考方式，更重要的还包括读物的选择。在众多当代出版物中，哪些读物的知识价值最具引领性，许多人都很难确切判定。

"文化伟人代表作图释书系"所选择的，正是对人类知识体系的构建有着重大影响的伟大人物的代表著作，这些著述不仅从各自不同的角度深刻影响着人类文明的发展进程，而且自面世之日起，便不断改变着我们对世界和自然的认知，不仅给了我们思考的勇气和力量，更让我们实现了对自身的一次次突破。

这些著述大都篇幅宏大，难以适应当代阅读的特有习惯。为此，对其中的一部分著述，我们在凝练编译的基础上，以插图的方式对书中的知识精要进行了必要补述，既突出了原著的伟大之处，又消除了更多人可能存在的阅读障碍。

我们相信，一切尖端的知识都能轻松理解，一切深奥的思想都可以真切领悟。

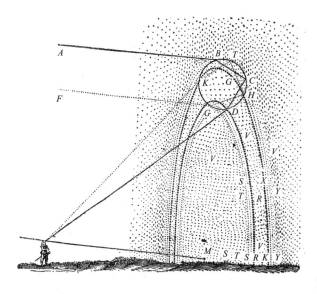

The Geometry
of René Descartes

陆美亦　王瑞乔 / 译

笛卡尔几何（全译插图本）

〔法〕勒内·笛卡尔 / 著

重庆出版集团 重庆出版社

图书在版编目（CIP）数据

笛卡尔几何 /（法）勒内·笛卡尔著；陆美亦，王瑞乔译. —重庆：重庆出版社，2022.6（2023.12重印）
ISBN 978-7-229-16879-7

Ⅰ.①笛…　Ⅱ.①勒…②陆…③王…　Ⅲ.①解析几何　Ⅳ.①O182

中国版本图书馆CIP数据核字（2022）第091897号

笛卡尔几何
DIKA′ER JIHE

〔法〕勒内·笛卡尔　著　　陆美亦　王瑞乔　译

策 划 人：刘太亨
责任编辑：陈渝生
责任校对：何建云
特邀编辑：何　滟
封面设计：日日新
版式设计：冯晨宇

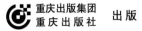 重庆出版集团
重庆出版社　　出版

重庆市南岸区南滨路162号1幢　邮编：400061　http：//www.cqph.com
重庆博优印务有限公司印刷
重庆出版集团图书发行有限公司发行
全国新华书店经销

开本：720mm×1000mm　1/16　印张：20.5　字数：365千
2022年9月第1版　2023年12月第2次印刷
ISBN 978-7-229-16879-7

定价：48.00元

如有印装质量问题，请向本集团图书发行有限公司调换：023-61520678

如果你是一个对数学感兴趣的人，建议你翻开这本书。如果你之前读过一些数学科普书，想再读一些专业性更强的数学书，那我建议你读下去，因为这本书适合所有接受过初中以上数学教育的人。如果你因为刚上大学还不适应大学数学的思维方式，那我更要建议你读下去，这本书或许可以带给你一些启发和思考，甚至是学习数学的快乐。如果你是数学的深度爱好者，已经看过一些较为艰深的书籍，那么你可以大致翻阅一下，这本书或许给予不了理论知识上的帮助，但可以让你对笛卡尔这位数学巨人有更深一层的了解。

说说这本书的内容。

1637年，法国数学家笛卡尔正式出版了《几何》一书。一经出版，该书便引起巨大轰动。笛卡尔开创性地将当时完全割裂的代数学和几何学整合起来，提出了用代数学方法解决几何学问题，用代数方程表示所求问题对应的曲线，以及基于方程的次数来对这些曲线进行分类的数学思想，这就是现代数学的一个重要分支——解析几何。可以说，笛卡尔在本书中所提到的解决问题的方法以及得出的一系列结论，对当代数学具有奠基性和指导性意义，而笛卡尔也因此被称为"解析几何之父"。

原书用法语写成，因为笛卡尔独特的写作风格，法语版有些生涩难懂。1649年，荷兰数学家弗朗西斯·范·舒腾出版了拉丁文版本的《几何》，而且他在书中加入了一些注解和个人评论。这一版《几何》问世后，立即吸引了一大批读者。而我在翻译这本书时，也参考了舒滕的拉丁文译本，具体可见书中注解部分。

数学书向来以精练、短小为特点，本书也不例外。在翻译本书的过程中，我尽可能地还原作者的本意。但无奈数学本身就是朴素的，我无法通过翻译使其变得生动，所以读起来难免有些许枯燥。我建议读到本书的朋友，能拿出几张纸和一支笔，跟着笛卡尔一起计算和作图，一起思考，一起探索。书中很多地方，笛卡尔都给出了细致的作图过程，但也省略了一些他个人认为不必要的证明过程。而省略的这些部分，如果你不把这本书参透，是很难自行解决的，所以阅读本书就是一个钻研与探索的过程。

数学之旅，长路漫漫，那些伟大数学家的著作，就如一盏盏明灯，指引我们坚定前行。能让更多热爱数学的人，无障碍地读到数学家们倾尽一生心血的著作，我备感荣幸。这本书没有测试题，也没有时间限制，希望读者能静下心来，用心感受数学真正的魅力。

此外，为了保证语言的简练，我在翻译过程中尽可能地对原文进行了符号化处理，比如原文中"垂直"和"平行"这类文字，我在翻译时都用符号替代了。尽管本书译完后，我再三比对检查，也难免有所疏漏。如有纰漏，还望读者及时批评指正。

陆美亦

笛卡尔（René Descartes，1596—1650年），法国哲学家、数学家和科学家，因将几何坐标体系公式化而被誉为"解析几何之父"。笛卡尔被黑格尔称为"近代哲学之父"，他还与英国哲学家弗兰西斯·培根一同开启了近代西方哲学的"认识论"转向。他的代表著作有《谈谈方法》《几何》《折光》《哲学原理》等。

早年生活

1596年3月31日，笛卡尔出生于法国安德尔-卢瓦尔省的图赖讷地区拉艾镇，为了纪念他，该镇于1793年更名为拉艾-笛卡尔镇。笛卡尔的母亲珍妮·布罗查德在他一岁多的时候患肺结核去世，他的父亲是布列塔尼的一名地方法官，凭借自己的职业拥有了贵族头衔，是所谓的"长袍贵族"的一员。这一阶层为古老的军事贵族（"佩剑贵族"）所厌恶——他们认为律师之流不过是文弱书生，而享有这种地位的人对这一头衔十分珍视。

笛卡尔受母亲的传染，患有干咳症，从小就体弱多病、面色苍白。母亲去世后，他的父亲就离开布列塔尼并再婚，将他留给祖母及叔祖父抚养，从此父子二人很少见面。

1607年，笛卡尔被一直为他提供金钱帮助的父亲送到欧洲最有名的贵族学校——皇家大亨利学院（位于拉弗莱什）学习，父亲希望他能接受良好的教育并成为一名神学家。这所耶稣会学校，与其他同类型学校一样，是为了满足贵族需要，同时也是为了培养耶稣会牧师和传教士而建立的。该校的第二任校长艾蒂安·查雷特神父与笛卡尔母亲家族有亲戚关系。正是出于这层关系，校长考虑到笛卡尔孱弱的体质，特许他无须遵守学校的晨读规定，可以在床上读书。他一生中大部分时间都保持着这个习惯，并因此养成了沉思的习惯和孤僻的性格。

笛卡尔在皇家大亨利学院接受了传统的文化教育。他在《谈谈方法》中称，自己不但学习了古代语言、文学、语法、逻辑和修辞，还学习了经院自然哲学、数学、物理学（包括伽利略的著作）、形而上学和伦理学。笛卡尔对所学的逻辑学和哲学发表了负面评论，批判其令人索然无味的词汇、粗野的句法和守旧的写作方式（即辩论和"问题"）。然而事实上，他并没有完全对它们失去兴趣，当他于17世纪20年代末从巴黎搬到荷兰时，还随身携带着圣·托马斯·阿奎那的《神学大全》和《圣经》。

1614年，笛卡尔从皇家大亨利学院毕业后，遵照父亲的意愿，进入普瓦捷大学学习了两年法律，同时还接触了医学，并掌握了一些解剖技能。1616年，他获得法律执照（高等学位，学术上接近于博士学位），之后就搬到了巴黎。

青年岁月

毕业后的笛卡尔对职业一直选择不定。他完全放弃了对法律文书的研究，决心不去探索任何知识，除了从他自己身上或伟大的世界之书中得来的智慧。他去访问法庭和军队，与各种性格和职业的人打交道，积累各种经验，接受命运的考验，并时刻反思过往人生，以便从中受益。

1618年，笛卡尔带着一位仆人前往荷兰，以雇佣军的身份加入了拿骚的莫里斯新教亲王指挥下的布列达新教荷兰军队。目前，我们尚不清楚他在军队中担任何种职务。据传记作家阿德里安·巴耶（Adrien Baillet）推测，笛卡尔应该是一名工程师，负责军事建筑和防御工事，但他应该也接受了士兵训练。这一年，荷兰与西班牙签订了停战协定，笛卡尔便利用空闲时间学习数学，并对西蒙·斯特文建立的军事工程展开研究。

1619年，笛卡尔离开新教军队，加入了德国巴伐利亚公爵即天主教选帝侯马克西米利安的军队，并出席了1619年9月于法兰克福举行的神圣罗马帝国皇帝斐迪南二世的加冕典礼。当年末，据说有人看见他住在靠近乌尔姆的冬季营地，也有人说他住在诺伊堡。11月10日（根据巴耶所述），他把自己关在房间里，烘着火炉，做了三个梦，这三个梦深刻地影响了他此后的人生。他在《谈谈方法》中从侧面提到了部分梦境，但其中的细节在他死后发表的早期论文中才被人们所知晓。他每天都在思考"奇妙科学的基础"，也正是在这个他为之向往、包罗万象的事业中，他阐释了自己的梦境。在第三场梦中，他遭遇了一个意味深长的问题（古罗马诗人奥索尼乌斯的句子）："我该追随生活的哪条道路？"许多人试图解释其间所包含的心理过程：一些人认为，它表露了这位年轻人因自然探索中所提出的隐含的知识假设而不安；另一些人认为，这是精神崩溃或严重偏头痛的前兆。关于笛卡尔的早期梦境，值得注意的一点是：在他后来出版的著作中，他从未将梦视为精神信息的载体，而是将其视为物质的起源与谬误的产物。但在1646年11月的一封信中，他称梦"遵循个人的内在倾向"，暗示或可认真地看待梦境。如此，或许存在这样一种可能：梦境赋予了他神圣的使命感，他命中注定要追寻并及时向同代人揭示"奇妙的科学"。当然，在精神层面宣扬他从上天接收的指示并不能解释他完成这一使命的起因，尤其是他厌恶哪怕一丝一毫的神秘主义气息。他厌恶当下流行的炼金术和巫术，这二者隐秘而模糊的知识只为创立者所知。因此，笛卡尔后来出版的作品谨慎剔除了所有与神秘主义相关或仅为创立者所掌握的知识，并严谨地避开了除思想家运用其理性的自然之光外全部的精神活动。受这一愿景的启发，结合他已展开的工作，在接下来的十年间，他创作了一部作品《探求真理的指导原则》。这证明从早期开始，他就醉心于制定"科学"研究的一般方法。

笛卡尔人生中这一时期的行动很难确定，只知道从军队退役后，他继续四处旅行，先后去了匈牙利、奥地利、波西米亚、英国、意大利等国，结识了许多著名的科学家，他们都曾给过他许多帮助。

巴耶推测，笛卡尔于1622年返回法国。同年5月，他卖掉了贵族头衔下的财产和领主权利。1623年某天，他动身前往意大利，参观了洛雷托圣母殿。但根据一位早期的传记作家所述，1619年，笛卡尔受梦境启示后立刻发誓将前往圣母殿（倘若确实如此，这也是另一个他将梦视为神圣指引的迹象）。1625年，他再次前往巴黎，在那里待到1628年。当时，巴黎时局动荡，年轻人中出现道德松懈的潮流，浪荡的文学作品（部分淫秽）涌现，年轻人公开表示对宗教的冷漠（甚至厌恶），为此，无神论和自由思想遭到了人们的大张挞伐，并受到著名诗人泰奥菲尔·德·维奥（Théophile de Viau）的"审判"。笛卡尔在1630年5月6日写给梅森神父（下文有介绍）的信中，简短提起了当时的氛围和与之相关的自由哲学，并在1647年2月1日的一封信中引用了泰奥菲尔的诗句。

在巴黎，笛卡尔与两名拉弗莱什学院的同学交往过（尽管没有证据表明他是在学校认识他们的）：克劳德·米多尔热，一名安逸自立的绅士，他与笛卡尔一样，致力于"科学"问题；马林·梅森（Marin Mersenne）神父，一名小修士，他发表过许多神学及其与自然哲学相关的作品，是自由思想家的死敌，也是欧洲知识界不知疲倦的记者。直至1648年去世前，梅森一直是笛卡尔的导师和他在巴黎的主要联系人。笛卡尔还认识了"科学"、文学和宗教团体领域的其他重要人物，包括作家让·德·西隆；纪尧姆·吉比乌夫神父；文体学家、书信体作家让—路易斯·盖兹·德·巴尔扎克；数学家、物理学家艾蒂安·德·维勒布雷修；图书馆学家、古文物研究者加布里埃尔·诺德；占星学家让-巴普蒂斯特·莫兰，等等。在与他们的交往中，笛卡尔发现了光学正弦折射定律（也被同时期其他数学家独立发现，现被命名为斯奈尔定律），并开始研究梅森对自然的数学研究方法。他还接触到一些现代思想家的最新见解，譬如弗朗西斯·培根1620年出版的《新工具或解释自然的一些指导》。与此同时，笛卡尔追求数学的确定性问题，确保其作为物理学的指导学科。

1628年底，尽管巴黎知识分子的生活令人振奋，笛卡尔还是义无反顾地前往荷兰定居。接下来的20年间，这里成为了他的家（尽管地址经常变动）。

1629年4月，笛卡尔进入弗拉讷克大学，师从阿德里安·梅提乌斯[1]学习天文学。第二年，他以"普瓦图"之名进入莱顿大学，师从雅各布斯·格里乌斯学习数学（接触到帕普斯六边形定理），并师从马丁·霍腾休斯学习天文学。在阿姆斯特丹，笛卡尔和女仆海伦娜·詹斯·范德斯特罗姆发生了关系。与当时的许多道德家不同，笛卡尔并没有贬低这种激情，而是为之辩护。1635年，两人生育了女儿弗朗辛。1640年，弗朗辛死于猩红热。孩子的夭折给笛卡尔带来了巨大的痛苦，人们推测，做父亲和失去孩子的经历成了笛卡尔作品的一个转折点，使他的重心转向了对"普遍怀疑"的探索。[2]

---

〔1〕阿德里安·梅提乌斯：这位弗拉讷克大学的教授曾出版《天文学和地理学仪器》一书（1614年）。

〔2〕笛卡尔本人研究过数学、物理学、光学、天文学、机械学、医学和解剖学等，其中以数学方面的成就最为出名。

中年时期

虽然经常因时局的变化而流寓欧洲各地搬家，但笛卡尔毕生的主要作品都是在移居荷兰的二十多年里完成的，并由此引发了数学和哲学的革命。1633年，伽利略《关于两个世界系统的对话》中的理论遭到了罗马教会的公开谴责，笛卡尔随即放弃自己《世界》（*Le Monde*）的出版计划，这是他过去四年的成果。[1]笛卡尔死后，人们在他的论文中发现了这部书，书中有两部分大体留存了下来（《论光》和《论人》），而第三部分《论灵魂》不见踪迹，或许尚未完成。然而，巴黎的朋友们敦促他发表他的哲学看法，并成功地劝说他撰写相关作品，记录他在光学、气象学和几何学方面的成就。1637年，这些作品的一部分以论文[2]的形式发表出来，笛卡尔还在论文前写了一篇序言《谈谈正确运用自己的理性在各门学问里寻求真理的方法》，哲学史上简称《谈谈方法》。这些论文以法语结集出版，出版商邀请学术界人士发送意见，再由出版商将意见转给笛卡尔以斟酌回复。

笛卡尔开启作家生涯后，就一直没有停下来。1641年，写给学者的《第一哲学沉思录》以拉丁语出版，论述了形而上学问题（存在、上帝、灵魂等）；一年后，第二卷出版；1647年，在征得笛卡尔同意之后，吕伊纳公爵出版了法译本。《第一哲学沉思录》的第一人称视角与其说是历史上的笛卡

---

[1] 从1629年至1633年，笛卡尔开始撰写《世界》（《论光》和《论人》）。该书以尼古拉·哥白尼学说为基础，总结了笛卡尔多年来的自然科学研究成果。在这本书中，他原本打算逐步解释自然界的所有现象，比如行星的形成、重量、潮汐、人体等。但是就在1633年，伽利略因为发扬了哥白尼的太阳中心论，主张地球围绕太阳公转而受到宗教裁判所的监禁，笛卡尔退缩了，不敢再把《世界》拿出来出版，一直到他死后二十七年，这本书才得以问世。

[2]《折光》（*La Dioptrique*）、《气象》（*Les Météores*）和《几何》（*La Géométrie*）。

尔，不如说是所有思考者的化身，他们通过一系列论证来解决问题，不直接描述哲学发现，而是按照一定顺序呈现它们，引领读者自己体验和发现。这一点与《谈谈方法》不同，后者以个人和历史叙事视角展开。

1643年，笛卡尔的哲学在乌得勒支大学受到谴责，其时，他在欧洲大陆可谓"臭名昭著"，被迫逃往海牙，在埃格蒙德-宾宁定居下来。对笛卡尔本人来说，他非常讨厌被卷入这些争议，他只想将哲学视作真正的事业，即发展自己的体系并最终为伦理学和医学提供基础。笛卡尔也希望他的哲学能被耶稣会大学采纳使用，但他在给惠更斯的信中遗憾地写道，他发现耶稣会中他的哲学反对者与低地国家新教徒中的一样多。

1644年，笛卡尔发表了拉丁语著作《哲学原理》，他用几何学方法阐述了自己的哲学体系。全书分为四部分，其中三部分是关于"科学"（物理学和自然哲学）而不是严格意义上的哲学。同年（1644年），拉丁语版本的《谈谈方法》出版，其内容为更广泛的学术群体所熟知。此后，笛卡尔的作品大多是为了回应针对其作品的批判而发表的。

1649年，笛卡尔将他与伊丽莎白公主的通信以《论灵魂的激情》为书名发表。这是他的最后一部作品。在这部书中，笛卡尔阐述了自己的道德哲学与人类学思想，探讨了激情可能带来的伤害以及对激情的界定，还提出了道德哲学最基本的概念——宽容。

最后的时光

1647年，维持笛卡尔独立生活的稳定经济来源似乎被动摇了。早在1597年他的母亲逝世时，他便继承了一大笔遗产，据一位早期的笛卡尔传记作者估计，大概每年有6000至7000里弗。这笔钱不多，但只要不铺张浪费，足以保障他的独立生活。笛卡尔似乎天性节俭，他没有雇用多余的随从，饮食节制，衣着朴素，回避社交——无论如何，他都对此提不起兴趣。正如1631年5月5日，他在给朋友让-巴尔扎克的信中吐露心声，声称自己在阿姆斯特丹不再关注遇到的人，也不关注朋友庄园里的树木和在那里吃草的动物。17世纪40年代末，他在信中（1646年11月1日写给皮埃尔·赫克托·莎努特）第一次表明愿意接受资助，在此之前，他一直拒绝考虑此类事情。1647年，笛卡尔回到巴黎，准备领取当年获得的皇家养老金——这一流程花费不少，包括领取养老金前敕许授权的费用。第二年，法国内战，也就是后世熟知的投石党运动开始了，这高效地结束了王室的赞助（事实上，王室一直未曾支付）。可能正是出于这个原因，1649年9月，已经成为欧洲最著名的哲学家与科学家之一的笛卡尔，不情愿地接受了瑞典女王克里斯蒂娜的邀请，来到斯德哥尔摩担任宫廷教师，为女王讲授哲学。克里斯蒂娜一直在积极地寻找杰出的学者和思想家，她对于笛卡尔的到来十分高兴，免去他一切宫廷的烦琐礼节，只要求他每天凌晨5点开始，用整个上午的时间给她授课，与她讨论哲学问题。然而，由于无法适应北欧的寒冷，再加上经常早起，原本就肺部虚弱的笛卡尔很快就患上了严重的肺炎，于1650年2月11日死于瑞典，享年54岁。由于教会的阻止，只有几位友人参加了他的葬礼。

《几何》概述

笛卡尔的《谈谈方法》于1637年出版，《几何》作为它的附录之一，被公认为解析几何学诞生的标志。

《几何》共分为三部分：

第一部分是"仅使用直线和圆的作图问题"。在这一部分中，笛卡尔将作图问题归纳为作出未知线段。为此，就必须了解未知线段与已知线段的相互关系，使得同一个量能通过两种不同的方式表示出来，最后得到一个方程。如果未知线段不止一条，就必须求出与未知线段数目相同的方程组，而方程组在经过消元、化简之后，将得出未知线段所对应的方程，然后通过代数方法把未知线段表示出来。笛卡尔还通过举例表明，所有的代数运算都能通过直尺和圆规作出图来。

第二部分是"曲线的性质"，主要介绍曲线的含义、分类及轨迹问题。在这一部分中，笛卡尔认为前人对曲线的分类毫无意义，他重新对曲线的概念进行论述。他把可用有限次代数方程来表示的曲线称作几何曲线，把其他曲线称作机械曲线，如此一来，便把曲线的领域扩大了不少。他还对曲线给出了一个系统的分类方法，即把含 x、y 的一次、二次代数方程所决定的曲线划分为第一类，把三次、四次方程的曲线划分为第二类，把五次、六次方程的曲线划分为第三类，以此类推。

第三部分是"立体与超立体问题的作图"。这部分内容与其说是几何问题，不如说是代数问题，因为它关注的是方程的性质以及如何求解方程。在这一部分中，笛卡尔通过作图来解高次代数方程。他再次回到作图问题，只是涉及的方程为三次甚至更高次，这类问题通常不能通过直尺和圆规直接求解，而往往需要借助其他曲线。笛卡尔指出，如果方程是三次、四次的，就必须借助圆锥曲线，而且所有三次问题都可以化为三等分角问题与倍立方体问题；如果方程高于四次，则必须借助高次曲线方可求解。他总结了以往求解代数方程的方法，并对纯代数方程理论进行讨论，最后作出了代数学基本定理的一个直观证明。

对于《几何》，笛卡尔是用法语而非当时大多数学术刊物使用的拉丁语来撰写的。他的阐述风格还很模糊，材料也没有作系统的安排，他通常只给出证据的提示，把许多细节留给读者去探讨。他对写作的态度，可以从"我并没有承诺要阐述一切"或"我已经写了这么多关于它的东西，这已经让我厌倦了"之类的陈述中窥见一二。他为他的疏漏和晦涩之处辩护时说，很多东西是他故意省略的，"为的是让其他人有发现这些东西的乐趣"。

笛卡尔《几何》的编辑工作主要是由莱顿的数学家弗朗西斯·范·舒腾（Franciscus van Schooten）和他的学生们完成的。1649年，舒腾出版了拉丁文版的《几何》，随后又分别在1659—1661年、1683年和1693年出版了其他三个版本。1659—1661年的版本是两卷本，比原版内容多两倍多，并附有解释和说明。舒腾的学生约翰内斯·哈德还提出了一种简便的方法来确定多项式的双根，即哈德法则，这在笛卡尔的切线法中是一个很困难的证明过程。17世纪发展起来的解析几何学正是建立在《几何》的这些版本之上的。

如果一位数学家被问及在其领域有哪些划时代的伟大著作，那么，他对于19世纪的作品可能会犹豫不决，对于18世纪的作品则较为慎重。但是对于古典时期希腊人的作品，他可能会持非常肯定的态度。他必定会将欧几里得、阿基米德和阿波罗尼奥斯的作品纳入希腊文明的产物中。而在提到那些对17世纪数学的伟大复兴作出贡献的著作时，他自然也会将笛卡尔的《几何》和牛顿的《自然哲学的数学原理》包括在内。

但是，在史料研究中，一个奇怪的事实是：尽管我们早就有了欧几里得、阿基米德、阿波罗尼奥斯和牛顿著作的英文版本，但笛卡尔的划时代的《几何》却从来没有用英文出版过，或者，即使有的话，也只是一些晦涩难懂、早已被遗忘的版本。这本书最初是用法语写成的，不久便被弗朗西斯·范·舒腾翻译成拉丁文。长期以来，这被认为，对于任何想要关注笛卡尔的第一本解析几何学著作的学者来说已经足够了。现如今，许多数学家是否读过这本书的拉丁文版本是值得怀疑的；事实上，除了法国学者以外，恐怕也没有多少人经常去查阅它的法语原本。当然，英美国家的数学史学生应该很容易用他们完全熟悉的语言来理解这类著作。

因此，公开法院出版公司（Open Court Publishing Company）与翻译者们达成协议，该作品应以英文出版，并附上翻译组委会的注释。如此一来，这本书就自成体系，无论是对作者还是对译者来说，这都是一项饱含爱意的工作。

就翻译本身而言，译者试图用简单的英语来表达原文的意思，而不是逐字逐句地机械翻译，徒增读者的阅读难度。相信读者会认同这一翻译原则，如果需要更严格的翻译，他们也会乐于阅读原版。其中一位译者主要参考了舒腾的拉丁文版本，另一位译者主要参考了原版的法语版本，相信笛卡尔想要表达的内容已得到充分的保留。

目 录 CONTENTS

附录一　谈谈方法 /139

附录二　探求真理的指导原则 /217

第一章 | 仅使用直线和圆的作图问题

算术运算是如何与几何运算相联系的——如何在几何中进行乘法、除法和开平方运算——如何在几何中使用算术符号——如何利用方程来解各种问题——平面问题及其解——帕普斯提出的问题——解答帕普斯所提出的问题——如何选择适当的项来求得问题的方程——当给定的直线不超过五条时，如何确定相应的问题是平面问题

主张"万物皆数"的古希腊数学家毕达哥拉斯，正用一根棍子在沙子里演示他的勾股定理。

算术运算是如何与几何运算相联系的

所有几何问题都可以很容易地化归为用一些术语来表示，即只要已知线段的长度，便可画出相应的图形。正如算术中仅包含四或五种运算（加法、减法、乘法、除法和开方——后者有时会归入除法运算中），因此在几何中，为得到所求线段，只需对其他一些线段进行加减等运算即可。或者，为使线段尽可能地与数字紧密联系，任取某一线段为单位线段，在给定另外两条线段之后，则可求出第四条线段，使之与其中一条给定线段之比，等于另一条给定线段与单位线段之比（相当于乘法运算）；又或者，可求出第四条线段，使之与其中一条给定线段之比，等于单位线段与另一条给定线段之比（相当于除法运算）。最后可求出单位线段与其他线段之间的一个、两个或多个等比中项（也就是求给定线段的平方根、立方根等）。为了使内容更加清楚明了，本书将这些算术术语引入几何学中。

如何在几何中进行乘法、除法和开平方运算

例如，在图1-1中，令 *AB* 为单位线段，求 *BD* 乘 *BC* 。只需连接点 *A* 与点 *C* ，作 *DE* 平行于 *CA* ，则 *BE* 即为所求。

若求 *BD* 除 *BE* ，只需连接点 *E* 和点 *D* ，作 *AC* 平行于 *DE* ，则 *BC* 即为所求。

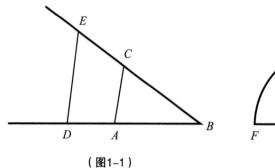 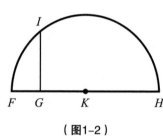

（图1-1）　　　　　　　（图1-2）

在图1-2中，若要求 GH 的平方根[1]，只需过 G 延长 HG 至点 F，使 FG 为单位线段，取 FH 的二等分点 K，以 K 为圆心作半圆 FIH，并以 G 为垂足，引垂线 GI 交半圆 FIH 于 I，则 GI 即为所求。为方便起见，此处仅探讨平方根问题，稍后再探讨立方根或其他方根的问题。

如何在几何中使用算术符号

通常，我们不必将这些线段画出来，只需用单个字母标记出每条线段即可。因此，为了计算线段 BD 与 GH 的和，分别将其记作 a 和 b，那么 $a+b$ 即表示两条线段的和。同理 $a-b$，表示从 a 中减去 b；$\frac{a}{b}$ 表示 b 除 a；aa 或 a^2 表示 a 与自身相乘；a^3 表示 a 自乘的结果再乘 a，以此类推[2]。类似

---

〔1〕算术中，只有数幂有确切根。但几何中，即便一条线段无法用单位线段度量，也可以找到一条线段的长度刚好等于这条线段的平方根。对于其他根，笛卡尔在后文中将会讨论到。

〔2〕笛卡尔用 a^3，a^4，a^5，a^6 等表示 a 的对应次幂，但他并未将 aa 和 a^2 区分开来。比如，他常用 $aabb$，但也用 $\frac{3a^2}{4b^2}$。

地，若要求 a^2+b^2 的平方根，则记作 $\sqrt{a^2+b^2}$ 即可；若要求 $a^3-b^3+ab^2$ 的立方根，记作 $\sqrt[3]{a^3-b^3+ab^2}$ [1] 即可；同理可得其他根的记法。值得注意的是，a^2，b^3 及类似的表达式通常用于指代单一的一条线段，而将其称作平方、立方等，是为了方便使用代数中的术语 [2]。

还应注意的是，当条件中没有规定单位线段时，一条线段的所有部分都应该用相同的维数来表示。例如，由于 a^3 与 ab^2 或 b^3 的维数相同，则它们都是线段 $\sqrt[3]{a^3-b^3+ab^2}$ 的组成部分。然而，当条件中已规定单位线段时，上述结论便不再适用。这是因为，此时无论维数高低，对于单位线段都不会出现理解上的问题。因此，要求 a^2b^2-b，则必须考虑用量 a^2b^2 除以单位线段一次，用量 b 乘以单位线段两次 [3]。

最后，为确保能记住这些线段的名称，在给这些线段命名或变换其名称时，需要将其单独列出。例如，我们可以记 $AB=1$ [4]，即 AB 等于1；$GH=a$，$BH=b$，等等。

---

〔1〕原文中，笛卡尔的记法是：$\sqrt{C.a^3-b^3+abb}$。

〔2〕通常情况下，a^2 被用来表示一个边长为 a 的正方形的面积，b^3 表示一个边长为 b 的正方体的体积，而 b^4，b^5 等则无法用几何形式来阐释。但是在这里，笛卡尔所说的 a^2 不具有此含义，它表示与1和 a 构成等比例的比例第三项所对应的线段，然后依此类推。

〔3〕笛卡尔似乎认为，每一项的维数必须为3，因此通过与单位线段的乘除，化 a^2b^2 与 b 为适当的维数。

〔4〕笛卡尔将其记作 $AB \propto 1$，据说他是第一个使用该符号的人。

图为拉斐尔作品《雅典学院》，在其右下角，欧几里得正手执圆规躬身演算几何问题。

如何利用方程来解各种问题

在求解某个问题时，首先假设解已经求得[1]，并给所有有助于求解的已知和未知线段命名[2]。接下来，在未区分已知还是未知线段的情况下，利用这些线段之间最自然的关系来解决问题，直到发现可以用两种方式来表示同一个量[3]。这将组成一个方程式，因为这两个表达式之一的各项之和，等于另一个表达式的各项之和。

我们必须找到与假定存在的未知线段数量相同的方程组[4]。但是，如果根据已知条件，无法找到这么多方程，那么显然该方程组的解无法确定。在这种情况下，对于没有对应方程的未知线段，我们可以任意确定一个长度[5]。

---

[1]众所周知，这一方法的使用者最早可以追溯到柏拉图。它后来出现在帕普斯（Pappus）的著作中："我们在进行分析时，要首先假设问题的解已经求得，并考虑其与已知条件的关系，从而往回推导，直到我们推得已知条件（假设中给出的条件）或数学中的一些基本定理（公理或假说）。"帕普斯，古希腊数学家，生活于公元3—4世纪。其代表作为八卷本《数学汇编》，其中第一编和第二编的部分内容已佚失。这部作品对17世纪几何学的复兴产生了积极的影响。虽然帕普斯本人并非一流的数学家，但他为世界保存了许多失传作品的摘录或分析，这无疑是极其宝贵的知识财富。

[2]拉比勒建议用 a，b，c，… 表示已知量，用 x，y，z，… 表示未知量（《对笛卡尔先生几何学的注释》，第20页）。

[3]也就是说，我们必须解出由此产生的方程组。

[4]舒腾给出了两个例子来解释这一说法。第一个例子是：已知线段 AB，任一点 C 在线段 AB 上，延长 AB 至 D，使得 $AD \cdot DB = CD^2$。令 $AC = a$，$CB = b$，$BD = x$，则 $AD = a + b + x$，$CD = b + x$，由此可得 $ax + bx + x^2 = b^2 + 2bx + x^2$，解得 $x = \dfrac{b^2}{a - b}$。

[5]拉比勒补充道：每一个具有不定解的问题都是无限多个有确定解的问题的集合，或者说，每个问题的解要么是由它自身决定的，要么是由构造这个问题的人决定的。

如果找到若干个方程，我们必须依次运用每一个方程，或单独考虑，或将其与其他方程做比较，以便得到每一条未知线段的值。我们必须将这些方程进行组合，直到只剩下一条未知线段[1]。这条未知线段等于某一已知线段；又或者，未知线段的平方、立方、四次方、五次方、六次方等之一，等于两个或两个以上量的和或差，其中一个量已知，而其他量是由单位线段与这些平方、立方、四次方等的比例中项乘以其他已知线段组成的。我可以用下列式子来表示

$$z = b$$
$$z^2 = -az + b^2$$
$$z^3 = az^2 + b^2z - c^3$$
$$z^4 = az^3 - c^3z + d^4$$
$$\cdots$$

即，取未知量 z 等于 b；或，z^2 等于 b^2 减去 a 乘以 z；或，z^3 等于 a 乘以 z^2 加 b^2 乘以 z 再减 c^3；以此类推。

这样一来，无论问题是能用圆、直线或圆锥曲线，甚或是其他不高于三维数或四维数的曲线[2]作图的，所有的未知量均可用单一的量来表示。

但我在此并不打算作更为详细的解释，因为那样的话，我就剥夺了您通过自己的努力去解决问题的乐趣；而这个过程对于训练您的思维能力是大有助益的，在我看来，这正是这门科学之于人类的主要好处。再则，我发现这其中没有什么不可逾越的困难，因为任何熟悉初等几何和代数的人，只要仔

---

[1] 也就是说，这条线段由 x，x^2，x^3，x^4，$\cdots$ 表示。

[2] 确切地说，"只比现在高1~2维数"。

细思考本论著中阐述的所有内容，一切都可以迎刃而解[1]。

因此，我非常赞同这样一种说法：如果一名学生能够充分利用除法来解这些方程，那他一定可以将问题化归为最简单的形式。

平面问题及其解

如果问题可以通过一般的几何学知识，即仅通过使用平面上的直线和圆

---

[1] 在1637年版的《几何》导言中，笛卡尔说道："在以前的作品中，我会尽可能地使内容通俗易懂，以便所有人都能读懂，但是现在，我怀疑那些不熟悉几何学的人是否会读到这篇文章，所以我认为大可不必作一些重复的论证。"［参见由查尔斯·亚当（Charles Adam）和保罗·坦纳里（Paul Tannery）编辑的《笛卡尔文集》，巴黎，1897—1910年，第六卷，第368页。］

同年，笛卡尔在给梅森的一封信中写道："并不是我喜欢自夸，而是因为很少有人能够理解我的几何学思想，并且您也希望我对此给出一些看法，所以我想说这正是我所期望的。在《折光》和《气象》中，我就曾试图说服人们我的方法比普通方法更好。我也已经在我的《几何》中证明了这一点，因为在一开始我就解出了一个尚未有人解出的几何学问题，而根据帕普斯的说法，这是一个千古难题。

"此外，我在《几何》第二编'曲线的性质'中给出的检验曲线的方法，在我看来，远远超出了一般几何学的论述。

"至于我的部分见解，你可以从弗朗索瓦·韦达（Franciscus Vieta）的作品中了解到。我的作品之所以晦涩难懂，是因为我试图将我认为韦达先生或其他人所不知道的东西添加进去……从某种意义上说，我的几何学作品建立在他的《论方程的识别与订正》的基础之上……也就是说，我从他结束的地方开始。"（参见由维克多·库赞主编的《笛卡尔文集》，巴黎，1824年，第六卷，第294页。）

在1646年4月20日写给梅森的另一封信中，笛卡尔写道："我省略了一些原本可以使这本书更加明晰的东西，我是故意这么做的。关于这本书，我收到的唯一修订建议是让我把它写得更加浅显易懂，而大部分建议都与此无关。"

在给伊丽莎白公主的一封信中，笛卡尔写道："在解几何问题时，我尽量使用平行边或直角边作为参考线，而且除了用到'相似三角形对应边成比例'，以及'直角三角形斜边的平方等于其他两条边的平方和'这两个定理外，不会用到其他定理。为了将问题化归为只用到这两个定理的项，我不介意引入多个未知量。"

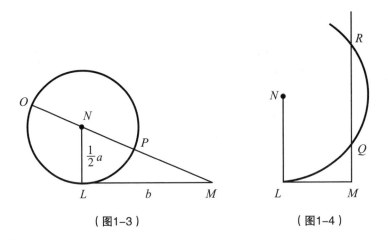

（图1-3）   （图1-4）

的轨迹[1]来求解，那么要使最后一个方程完全解出，至多存在一个未知量的平方，其等于该未知量乘以某一已知量再加上或减去另一已知量[2]。因此，这个根或者说该未知线段可以很容易地求出。例如，若已知 $z^2 = az + b^2$，要求未知量 z[3]，便可在图1-3中作一 Rt$\triangle NLM$，其一边 $LM = b$，即已知量 b^2 的平方根；另一边 $LN = \frac{1}{2}a$，即另一已知量（与未知线段 z 相乘的量）的一半；那么，延长该直角三角形的斜边[4]MN 至 O，使 $NO = NL$，则线段 OM 即为所求线段 z，可以表示为：$z = \frac{1}{2}a + \sqrt{\frac{1}{4}a^2 + b^2}$。

---

[1] 关于尺规作图可能性的讨论，请参见雅各布·施泰纳（Jacob Steiner）的《用直尺和一定圆进行的几何作图》，柏林，1833年；有关的更简要论述，请参见恩瑞克斯（Enriques）的《初等几何问题》，莱比锡，1907年；克莱因（Klein）的《初等几何的著名问题》（由贝曼和史密斯翻译），波士顿，1897年；韦伯（Weber）和韦尔斯坦（Wellstein）的《初等几何百科全书》，莱比锡，1907年；马歇罗尼（Mascheroni）广为人知的《圆规几何》，帕维亚，1797年；等等。

[2] 即形式如 $z^2 = az \pm b$ 的表达式。

[3] 笛卡尔意欲展示如何用几何方法求解二次方程。

[4] 笛卡尔说"延长该三角形的斜边"，是因为斜边在早期通常被看作底边。

但是，若已知 $y^2 = -ay + b^2$，其中 y 为所求未知量，那么，同样作Rt $\triangle NLM$，在斜边 MN 上取点 P，使 $NP = NL$，则 PM 为所求的根 y，可以表示为：$y = -\frac{1}{2}a + \sqrt{\frac{1}{4}a^2 + b^2}$。

同样地，若已知 $x^4 = -ax^2 + b^2$，$PM = x^2$，那么 $x = \sqrt{-\frac{1}{2}a + \sqrt{\frac{1}{4}a^2 + b^2}}$。

其他情况同理可得。

最后，若已知 $z^2 = az - b^2$，同样地，在图1-4中，令 $NL = \frac{1}{2}a$，$LM = b$；接下来不再连接点 M 和点 N，而是作 MQR 平行于 LN，再以 N 为圆心，经过 L 作圆，交 MQR 于点 Q 和点 R，则所求线段 z 为 MQ 或 MR。在这种情况下，z 有以下两种表达方式

$$z = \frac{1}{2}a + \sqrt{\frac{1}{4}a^2 - b^2}$$

$$z = \frac{1}{2}a - \sqrt{\frac{1}{4}a^2 - b^2}$$

若以 N 为圆心过 L 所作的圆，与线段 MQR 既不相交也不相切，则该方程无根，那就是说，我们无法通过作图来求解。

当然，这些根也可以通过许多其他方法求得。我给出这些非常简单的方法，是为了表明，只需运用我所阐释的这四种作图法[1]，就可以通过作图求出所有普通几何问题的解。我想，古代数学家并没有发现这一点，否则他们也不会花费精力撰写这么多书；而他们作品中的一系列命题表明，他们并没有找到确切的求解方法，而仅仅是将偶然间发现的命题集合在了一起。

---

〔1〕可以看到，笛卡尔仅考虑了关于 z 的三种二次方程，即 $z^2 + az - b^2 = 0$，$z^2 - az - b^2 = 0$，与 $z^2 - az + b^2 = 0$。这就说明，他似乎也未能完全摆脱传统思维而将系数概括为负数、分数和正数这几种情形。他没有考虑 $z^2 + az + b^2 = 0$ 这类方程，因为它没有有理根。

75岁的古希腊数学家阿基米德正在家中画几何图形，不幸被突然闯入的
罗马士兵杀害。

帕普斯提出的问题

我们从帕普斯（《数学汇编》）第7卷的开头可以看出这一点。在用大量篇幅罗列了前辈们所编撰的几何学著作之后，他最后提到了一个问题，他声称这是一个连欧几里得（Euclid）和阿波罗尼奥斯（Apollonius）也无法完全解决的问题。他说道：

> 此外，他（阿波罗尼奥斯）说，关于三条或四条线段的轨迹问题，欧几里得未能完全解决，他本人及其他任何人也无法解决。也就是说，阿波罗尼奥斯等人并未利用在欧几里得之前便得以论证的圆锥曲线，也没有在欧几里得的基础上作出任何创新。

之后，帕普斯阐述了这一问题：

> 他（阿波罗尼奥斯）对三条或四条线段的轨迹问题引以为豪，对前辈们的贡献不置可否。该无人能解的问题是这样的：现有给定位置的三条线段，然后从某一点引三条线段分别与之相交并构成给定的角；若以所引的三条线段中的两条所作的矩形与第三条的平方之比，等于给定的比值，那么这一点就位于给定位置的立体轨迹上，即位于三种圆锥曲线之一上。
> 同样地，若从某一点引四条线段与给定位置的四条线段构成给定的角，且以所引四条线段中的两条为边所作的矩形，与以另外两条为边所作的矩形成给定的比，那么，该点同样位于一给定

位置的圆锥曲线上。由此证明，当只有两条线段时，对应的轨迹是一种平面轨迹。当给定四条以上线段时，现在尚无法确定（即无法通过常规方法确定）其形成的轨迹，则只能称之为"线"，因为不清楚它的性质是什么。但是有一条轨迹已被考查过，它不是最重要的而是最容易考查的，而且基于它之上的这项工作也被证明是有益的。这里要讨论的只是与它们有关的命题。

若从某一点所引的线段与给定位置的五条线段构成给定的角，且以所引的其中三条线段为边构成的平行六面体与以另外两条线段和任一给定线段为边所构成的平行六面体成给定的比，则该点位于给定位置的一条"线"上。同样地，若有六条线段，且以其中三条线段为边所作的立体图形与以另外三条线段为边所作的立体图形成给定的比，则该点也位于给定位置的一条"线"上。但是，若有六条以上的线段，则不可能说以其余四条线段为边所作的立体图形与以其余线段为边所作的立体图形成给定的比，因为超过三维的图形是无法作出的。

在此，希望大家可以注意到，出于在几何学中使用算术术语的种种考虑，前辈们未能跨学科地理解这两门学科之间的关系，从而在试图解释相关问题时，出现了很多含糊其词的说法。

帕普斯写道：

> 对于这一点，人们在解释这部分内容（一个图形的维数不能大于3）时一致认为，由此类线段所构成的图形无论如何都是无法想象的。不过，用它们构成的比来进行描绘或证明一般是允许的。我们可以叙述如下：若从任一点引出的若干线段，与给定位

置的线段成给定的角，且存在一个由这些线段组成的给定的比，即所引线段中的第一条与给定的第一条、第二条与给定的第二条、第三条与给定的第三条的比，等等。以此类推，若有七条线段，则会出现第七条与给定的第七条线段的比；若有八条线段，则会出现最后一条与给定的最后一条线段的比，该点落在给定位置的"线"上。总而言之，无论是奇数还是偶数条线段，正如我前文所说的那样，它们对应于给定位置的四条线段。也就是说，人们没有提出任何一种确切的方法来得出一条线段。

这个由欧几里得提出，经阿波罗尼奥斯作进一步求解，但最终无人解出的问题是：

对于给定位置的三条、四条或更多条线段，要求找到一点，从该点能引出尽可能多的线段，且每条线段都与某一给定线段成给定的角，使得以所引线段中的两条为边所作出的矩形，与第三条线段的平方成一定比例（如果共有三条线段）；又或者，与以其他两条线段（如果有四条线段）为边所作的矩形成一定比例；又或者，以三条线段为边所作的平行六面体[1]，与以其他两条线段和任一给定线段（如果共有五条线段）为边所作的平行六面体成一定比例；又或者，与以其他三条线段（如果共有六条线段）为边所作的平行六面体成一定比例；又或者（如果共有七条线段），其中四条线段的乘积与其他三条线段的乘积成一定比例；又或者（如果总共有八条线段），其中四条线段的乘积与其他四条线段的乘积成一定比例。因此，这一问题可以推广到任意数量

---

〔1〕即连续乘积。

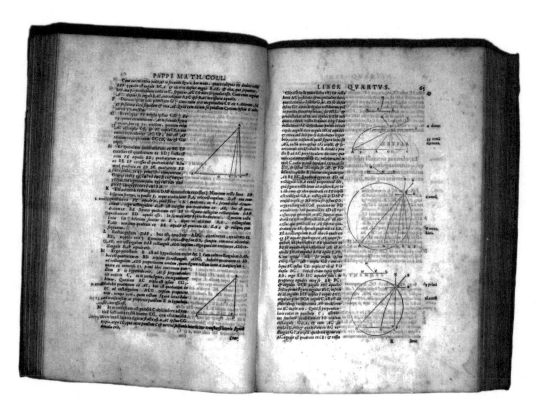

帕普斯《数学汇编》书影。

的线段。

由于总有无穷多个不同的点满足这些条件，因此也需要发掘和作出包含所有满足条件的点的轨迹[1]。帕普斯说，当仅给定三条或四条线段时，该轨迹是三种圆锥曲线之一，但是对于涉及更多线段的情况，他并没有明确地证明、描绘或解释所求线段的性质。他只补充说，古人已经证明其中一种情况是比较有用的，这种情况看起来似乎也是最简单，但并非最重要的。这让我不由得想尝试一下，是否能通过我自己的方法得出他们那样的结论[2]。

解答帕普斯所提出的问题

首先，我发现，如果问题只涉及三条、四条或五条线段，那么，所求的点可以用初等几何学的知识来解决，即仅使用圆规、直尺和我前文中解释过的定理，但是五条线段皆平行的情况除外。对于五条线段皆平行的特殊情况，以及给定六条、七条、八条或九条线段的情况，总能利用与立体轨迹[3]相关的几何学知识找到所求的点，即利用三种圆锥曲线中的一种，但是九条线段皆平行的情况除外。对于九条线段皆平行的特殊情况，以及给定十条、十一条、十二条或十三条线段的情况，必须利用比上一条圆锥曲线高一级的

---

〔1〕笛卡尔正是从此处开始阐述本书的中心思想的。

〔2〕在此，笛卡尔对他的方法进行了概述，他在后文中会作进一步说明。

〔3〕17世纪的数学家常用这一术语表示三种圆锥曲线，即把直线和圆称为平面轨迹，把其他曲线称为线性轨迹。

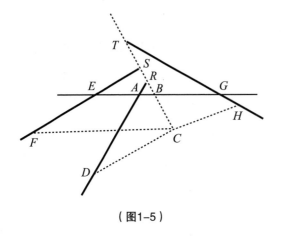

（图1-5）

曲线，才可找到所求的点，但是十三条线段皆平行的情况除外。对于十三条线段皆平行的特殊情况，以及给定十四条、十五条、十六条或十七条线段的情况，必须利用比上一条圆锥曲线高一级的曲线。以此类推。

其次，我发现，当仅给定三条或四条线段时，所求的点不仅会全部落在其中一种圆锥曲线上，而且有时还会落在一个圆周上，甚至是落在一条直线上[1]。

当给定五条、六条、七条或八条线段时，所求的点落在仅比圆锥曲线高一级的曲线上，我们不难想象出这种满足条件的曲线。当然，所求的点也可能落在一个圆锥截面，一个圆，或一条直线上。当给定九条、十条、十一条或十二条线段时，所求曲线只比前面的曲线高一级，但任何此类曲线都可以满足条件。以此类推至无限。

最后，圆锥曲线之后第一条也是最简单的一条曲线，是由抛物线与直线相交而生成的，下文将描述其相交的方式。

至此，我相信我已经完成了帕普斯所说的古人尚未完成的工作。接着，我将尝试用几句话来证明，因为我不想再耗费过多笔墨。

---

[1]退化或极限形式的圆锥曲线。

在图1-5中，令 AB 、AD 、EF 、GH ，… 为给定位置的任意多条线段[1]，求点 C ，使得由它引出的线段 CB 、CD 、CF 、CH ，… 与给定线段所成的角分别为 $\angle CBA$ 、$\angle CDA$ 、$\angle CFE$ 、$\angle CHG$ ，…，且其中几条线段的乘积等于其余线段的乘积，或者，至少这两个乘积成一定比例——这一条件并不会增加问题的难度。

如何选择适当的项来求得问题的方程

首先，我假设以上工作已经全部完成。为了避免线段太多使人混乱，我先把问题简化，即考虑以给定线段中的一条和所作线段中的一条（比如 AB 和 BC）为主线段，然后对其余各条线段也参考这一方法。在图1-5中，设直线 AB 上点 A 与点 B 之间的线段为 x ，设 BC 为 y 。若任一给定线段皆不平行于这两条主线段，则将其延长至与两条主线段相交（如有必要，这两条主线段也需延长）。由此，如上节图中所示，其余给定线段交 AB 于点 A、E、G，其余所作线段交 BC 于点 R、S、T。

---

〔1〕应该注意的是，由于这些线段的位置已知，长度未知，因此它们成为了参考坐标轴，并在解析几何的发展中起着举足轻重的作用。对此，我们可以引用下面这段话："在笛卡尔的先辈中，不仅是阿波罗尼奥斯，就连韦达、奥里斯姆（Oresme）、卡瓦列里（Cavalieri）、罗贝瓦勒（Roberval）和费马（Fermat），尤其是在这一领域最杰出的费马，也从未尝试过将多条不同级数的曲线引入同一坐标系中，而一个坐标系至多对其中一条曲线起重要作用。笛卡尔无疑是第一位系统地完成这一构想的数学家。"（《数学简史》，德·卡尔·芬克著，贝曼和史密斯译，芝加哥，1903年，第229页。）

由于 $\triangle ARB$ 的所有角都是已知的[1]，则边 AB 与边 BR 的比值也可知[2]。如果我们令 $AB : BR = z : b$，则由于 $AB = x$，可得 $RB = \dfrac{bx}{z}$；又因为点 B 在点 C 和点 R 之间，可得 $CR = y + \dfrac{bx}{z}$（当点 R 在点 C 和点 B 之间时，$CR = y - \dfrac{bx}{z}$；当 C 位于 B 和 R 之间时，$CR = -y + \dfrac{bx}{z}$）。又由于 $\triangle DRC$ 的三个角的度数已知[3]，则可以确定边 CR 与边 CD 的比值，记作 $CR : CD = z : c$，由于 $CR = y + \dfrac{bx}{z}$，可得 $CD = \dfrac{cy}{z} + \dfrac{cbx}{z^2}$。接着，由于线段 AB，AD，EF 的位置是确定的，则点 A 与点 E 之间的距离已知。如果令 $AE = k$，则 $EB = k + x$；当点 B 位于点 E 和点 A 之间时，$EB = k - x$；当点 E 位于点 A 和点 B 之间时，$EB = -k + x$。现在，$\triangle ESB$ 的所有角度已知，故 BE 和 BS 的比值也已知，记作 $BE : BS = z : d$，那么，$BS = \dfrac{dk + dx}{z}$，且 $CS = \dfrac{zy + dk + dx}{z}$ [4]。当点 S 位于点 B 和点 C 之间时，$CS = \dfrac{zy - dk - dx}{z}$；当点 C 位于点 B 和点 S 之间时，$CS = \dfrac{-zy + dk + dx}{z}$。同样，$\triangle FSC$ 的所有角已知，故 CS 与 CF 的比值也已知，记作 $CS : CF = z : e$。那么，$CF = \dfrac{ezy + dek + dex}{z^2}$。同样地，设 $AG = l$，则 $BG = l - x$，在 $\triangle BGT$ 中，BG 与 BT 的比值已知，记作 $BG : BT = z : f$，则 $BT = \dfrac{fl - fx}{z}$，$CT = \dfrac{zy + fl - fx}{z}$。在 $\triangle TCH$ 中，TC 与 CH 的比值

---

〔1〕因为 BC 与 AB、AD 的夹角已知。

〔2〕因为对角的正弦值的比已知。

〔3〕因为 AD 与 CB、CD 的夹角已知。

〔4〕$CS = y + BS = y + \dfrac{dk + dx}{z} = \dfrac{zy + dk + dx}{z}$，下文的其他情况与此类似。

已知，记作 $TC : CH = z : g$[1]，则可得，$CH = \dfrac{gzy + fgl - fgx}{z^2}$。

因此可以看到，无论有多少条给定位置的线段，任何过点 C 与这些线段成给定角度的线段，其长度总是可以用三个项来表示。其中一项是由未知量 y 乘以或除以某一已知量组成的，一项是由未知量 x 乘以或除以某一已知量组成的，第三项由已知量组成[2]。对于给定线段平行于 AB（此时没有含 x 的项）或 CB（此时没有含 y 的项）的情况，则属于例外。这种情况很简单，不需要作进一步解释[3]。在所有能想象到的组合中，这些项的符号可以是 + 或 −[4]。

还可以看到，在由一定数量的所作线段相乘得到的乘积中，任何含 x 或 y 的项的次数绝不会大于所有这些线段（用 x 和 y 表示）的数量。也就是说，如果两条线段相乘，没有一项的次数会大于2，如果三条线段相乘，没有一项的次数大于3，以此类推。

〔1〕应该注意的是，在所有假设的比例中，z 在前。

〔2〕即，表达式形如 $ax + by + c$，其中 a，b，c 为任一非零有理数（0 这一例外情况将在后文中进行说明）。

〔3〕下面的例子可以作为一个简单的说明：

已知三条平行线 AB，CD，EF 如右图放置，其中 AB 与 CD 间的距离为4个单位，CD 与 EF 间的距离为3个单位，要求找到一点 P，使得过点 P 所作线段 PL，PM，PN 分别与三条平行线成90°，45°，30°，且 $PM^2 = PL \cdot PN$。

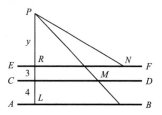

令 $PR = y$，则 $PN = 2y$，$PM = \sqrt{2}\,(y + 3)$，$PL = y + 7$。若 $PM^2 = PN \cdot PL$，则有 $\left[\sqrt{2}\,(y + 3)\right]^2 = 2y\,(y + 7)$，可得 $y = 9$。因此，点 P 到 EF 的距离为9个单位。

〔4〕当然，这取决于给定线段的相对位置。

中世纪数学家尼克尔·奥里斯姆的天文学作品《球论》的第一页书影。

当给定的直线不超过五条时，如何确定相应的
问题是平面问题

此外，要确定点 C ，只需一个条件，即一定数量的线段的乘积与其他线段的乘积相等或成一给定比例（这很简单）。由于这一条件可由包含两个未知量的一个方程来表示，所以我们可以赋给 x 或 y 任意值，然后根据这一方程求出另一个值。显然，如果给定的线段不超过五条，则 x（不用于表示这些线段中的已知第一条线段）的次数不会高于2[1]。

赋值 y ，可得形如 $x^2 = \pm ax \pm b^2$ 的方程，因此，x 可以使用前文所提到的尺规作图法作出。如果我们对线段 y 取无穷多个连续的不同值，便可以得到无穷多个线段 x 的值，进而得到无穷多个不同的点 C ，由此可作出所求曲线。

当涉及六条及以上的线段时，如果其中几条线段平行于 AB 或 BC ，这种方法同样适用，此时 x 或 y 在方程里的次数仅为2，因此点 C 可以通过尺规作图法作出。

如果给定的线段都是平行的，那么即使问题只涉及五条线段，点 C 也无法通过尺规作图法作出。因为方程中没有出现量 x ，也就无法赋予 y 给定的值，而要求出 C 点则必须求出 y 的值[2]。由于此时 y 的次数是3，它的值只

---

〔1〕由于三条线段的乘积与其他两条线段和一已知线段的乘积成给定比例，所以任意一项的次数都不会高于第三条，x 的次数自然也不会高于2。

〔2〕即求解含 y 的方程。

需通过解一个一元三次方程的根便可求得，但是在一般情况下，不用某种圆锥曲线就无法求出一元三次方程的根。

此外，如果给定的线段不超过九条，且所有线段不完全平行，则方程次数不高于4。这些方程也总是可以采用圆锥曲线，并通过我将要介绍的方法去求解。

如果给出的线段不超过十三条，则可以使用次数不高于6的方程，这些方程可以通过次数仅比圆锥曲线高一次的曲线，并采用我将要解释的方法去求解[1]。

至此，我已完成了第一部分的证明，但在进行第二部分的阐述之前，有必要先对曲线的性质进行一般性的说明。

---

〔1〕这样的推理可以无限进行下去。简而言之，这意味着每引入两条线段，方程的次数就高一次，曲线也相应变得更复杂。

第二章 | 曲线的性质

　　哪些曲线可以被纳入几何学——区分所有曲线类别并掌握它们与直线上点的关系的方法——对上篇提到的帕普斯问题的解释——仅有三条或四条线段时这一问题的解——对该解的论证——平面与立体问题及其求解的方法——关于五条线的问题所需的最基本、最简单的曲线——通过找到曲线上的若干点来描绘的几何曲线——可利用细绳描绘的曲线——为了解曲线的性质，必须知道其上各点与直线上各点的关系——作一直线与给定曲线相交并成直角的一般方法——利用蚌线作出该问题的图形——对用于光学的四类卵形线的说明——卵形线所具有的反射和折射性质——对这些性质的论证——如何按要求制作一透镜，使从某一给定点发出的所有光线经过透镜表面后会聚于一给定点——如何制作一透镜，既有上述功能，又使一表面的凸度与另一表面的凸度或凹度成给定的比——如何将平面曲线的结论推广至三维空间或曲面上的曲线

FRANÇOIS   VIETE

A. Ballet Imp.

弗朗索瓦·韦达最早系统地引入代数符号，推进了方程论的发展；后来笛卡尔对他所采用的符号作了改进。

哪些曲线可以被纳入几何学

　　古人都认同一个事实，即几何问题可以归为平面问题、立体问题和线性问题这三类[1]。也就是说，求解几何问题时，一部分只需用到圆和直线，一部分需要用到圆锥曲线，还有一部分则需用到更复杂的曲线[2]。然而，令人不解的是，古人并没有进一步地区分不同次数的更复杂的曲线，更使人吃惊的是，他们将这最后一类曲线称为"机械的"而非"几何的"[3]。如果说，他们是因为在描绘这类曲线的时候需要用到一些工具而称其为机械的，那么，出于一致性原则，我们也应该拒绝圆和直线，因为它们必须通过圆规和直尺才能在纸上画出来，而圆规和直尺也可以称为工具。我们也不能因为其他工具比圆规和直尺复杂，就认为圆规和直尺精密度较低；如果是这样的话，它们也不会被应用于机械学领域，毕竟机械学对于工具精密度的

---

　　[1]参见帕普斯《数学汇编》第1卷："古人考虑了三类几何问题，并分别称之为平面问题、立体问题和线性问题。其中，可以利用直线和圆周解决的问题被称为平面问题，因为求解这类问题时所用到的直线和曲线都在一个平面内；而在求解时要用到一种或多种圆锥曲线的问题被称为立体问题，因为其中要用到立体图形的表面（圆锥曲面）；还有一类被称为线性问题，也就是在求解这类问题时要用到比我上面提到的图形更为复杂的线，包括螺旋线、割圆曲线、蚌线、蔓叶线，它们都具有许多重要的特性。"

　　[2]拉比勒（Rabuel）建议将问题分类为：第一类问题的图形都能利用直线作出，即对应的方程为一次方程；第二类问题求解时所采用的都是二次曲线，即圆和圆锥曲线；等等。

　　[3]参见狄德罗主编的《科学、艺术和工艺百科全书》（1780年）："机械"作为一个数学术语，指的是一种非几何的结构，即不能通过几何曲线完成的结构。这是一种取决于圆的正交的结构。笛卡尔将不能用代数方程表示的曲线称为"机械曲线"（mechanical curve）；莱布尼茨和其他一些数学家则将其称为"超越曲线"（transcendental curve）。

要求比几何学更高。在几何学中，我们更注重推理的精确性[1]，对于更复杂的曲线的讨论，就和相对简单的曲线一样[2]，必定都是绝对严格的。我也不相信，这是因为他们不愿超越以下两个公设：（1）两点之间可作一条线段；（2）以某一定点为圆心，过某一定点可以作一圆。在圆锥曲线问题上，他们直接引入了一个假设：任一给定圆锥体表面都可以被一给定平面截切。现在，针对本书引入的所有曲线，一个额外的假设十分必要，即两条及两条以上的线段，可以一条随着另一条移动，且由它们的交点可以确定其他曲线。在我看来，理解这一点并不困难。

诚然，圆锥曲线从来没有被古代几何学家所接受[3]，我也无意于去改变一些约定俗成的事物名称。不过有一点很清楚，如果我们假设几何学是精准的，那么，机械学则不是[4]；如果我们认为几何学是一门科学，它能够为我们提供所有关于物体的一般度量的知识，那么，我们就无权将更复杂的曲线与简单曲线割裂开来。倘若复杂曲线可以被想象成由一个或多个连续运动所描绘，而且后一个运动完全由前一个运动所决定，那么，我们便可以得到关于每个运动的精确知识。

也许，古代几何学家之所以拒绝接受比圆锥曲线更复杂的曲线，是因为最先引起他们注意的曲线正好是螺线、割圆曲线及类似的曲线。这些曲线的

---

〔1〕这里提出了一个现代教育的有趣问题：即使在初等几何学中，我们也应该在多大程度上保证作图的精确性？

〔2〕不仅古人，直到笛卡尔时期，很多数学家也是这样区分的，比如韦达。在当时，笛卡尔的观点得到了普遍认同。

〔3〕因为古人不相信在平面上作出的圆锥曲线是精准的。

〔4〕因为不可能作出理想的直线、平面，等等。

确都属于机械学而不属于我此处所考虑的曲线之列，因为它们必须被想象成由两个独立的运动所描绘，而这两个运动的关系无法得到精确的确定。尽管几何学家们后来还探究了螺旋线、蔓叶线以及其他一些应该被接受的曲线，但由于对它们的性质不甚了解，相比于其他类型的曲线，他们没有对这些曲线作更深一步的探究。再则，他们可能因为对圆锥曲线知之甚少，对通过尺规作图法可以作出更多图形一无所知，从而不敢着手解决难度更大的问题。我希望在今后，这方面的佼佼者能够使用我在此提到的几何方法，并在将它们应用于平面或立体几何问题时不会遇到很大的困难。鉴于此，我认为有必要对这一内容作更多的拓展，以便给人们提供丰富的实践机会。

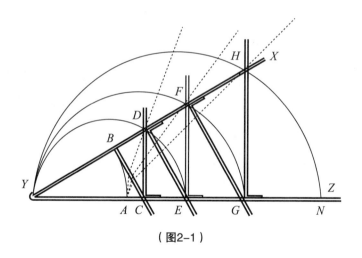

（图2-1）

在图2-1中，对于线段 AB，AD，AF 等，我们可以假设通过工具 YZ 来描绘。该工具是由多把直尺铰接在一起组合而成的，YZ 沿 AN 方向放置，∠XYZ 可以增大或变小，当 YX 和 YZ 这两条边重合时，点 B、C、D、E、F、G、H 均与点 A 重合。但是随着 ∠XYZ 逐渐增大，在 B 点与 XY 总成直角的直尺 BC，将直尺 CD 朝 Z 方向推进，CD 沿 YZ 滑动并始终与之成直

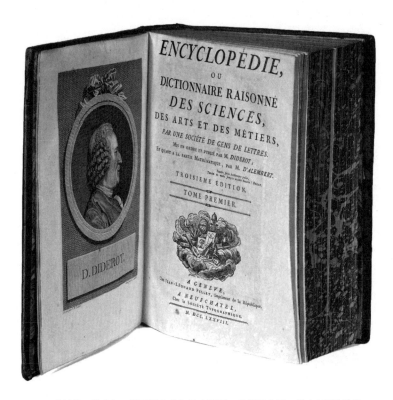

《科学、艺术和工艺百科全书》是由德尼·狄德罗主编，并由150位学者
历时21年编撰而成。

角。同样地，CD 推动 DE 沿 XY 滑动，DE 始终与 BC 平行，DE 推动 EF，EF 推动 FG，FG 推动 GH，以此类推。因此，我们可以想象有无穷多把尺子，每一条推着另一条，一半与 YX 所夹角度相等，另一半与 YZ 所夹角度相等。

随着 $\angle XYZ$ 的增大，点 B 描绘出曲线 AB，这是一个圆。而其他直尺的交点，即点 D、F、H 则描绘出其他曲线 AD、AF、AH，其中 AF、AH 比 AD 复杂，AD 比圆复杂。然而，我不知道，为什么第一条曲线[1]轨迹的描绘，不能像圆或者至少像圆锥曲线的描绘那样简单明了；或者第二条、第三条曲线[2]，以及其他任何一条曲线，为什么不能像第一条曲线那样可以清晰地想象出来。因此，我认为没有理由不将它们也应用于求解几何问题[3]。

---

〔1〕即 AD。

〔2〕即 AF，AH。

〔3〕这些曲线的方程可以通过如下方式得到：

（1）令 $YA=YB=a$，$YC=x$，$CD=y$，$YD=z$，又，$z:x=x:a$，则 $z=\dfrac{x^2}{a}$。又 $z^2=x^2+y^2$，则 AD 的方程为 $x^4=a^2\,(x^2+y^2)$。

（2）令 $YA=YB=a$，$YE=x$，$EF=y$，$YF=z$。又 $z:x=x:YD$，则 $YD=\dfrac{x^2}{z}$。

又，$x:YD=YD:YC$，则 $YC=\left(\dfrac{x^2}{z}\right)^2\div x=\dfrac{x^3}{z^2}$。

又，$YD:YC=YC:a$，则 $\dfrac{ax^2}{z}=\left(\dfrac{x^3}{z^2}\right)^2$ 或 $z=\sqrt[3]{\dfrac{x^4}{a}}$。

又，$z^2=x^2+y^2$。因此，可得 AF 的方程为 $\sqrt[3]{\dfrac{x^8}{a^2}}=x^2+y^2$ 或 $x^8=a^2\,(x^2+y^2)^3$。

（3）同理，可得 AH 的方程为 $x^{12}=a^2\,(x^2+y^2)^5$。

区分所有曲线类别并掌握它们与直线上
点的关系的方法

在此，我将给出其他几种描绘和想象一系列曲线的方法，而这些曲线都比前面提到的任何曲线更加复杂。但我认为，将所有这些曲线组合在一起并依此归类的最好方法是：先找到那些我们称之为"几何曲线"的所有的点，即那些可以精准度量的点，同时这些点必定与一条直线上的所有点具有确定的关系[1]，而且这种关系必须通过单个方程表示出来[2]。如果这个方程不包含比两个未知量的乘积或一个未知量的平方的次数高的项，那么该曲线就属于第一类曲线，也是"最简单的一类曲线"[3]，只包括圆、抛物线、双曲线和椭圆；如果该方程包含一个或两个未知量的[4]三次项或四次项[5]（因为该曲线需要两个未知量来描绘两点之间的关系），那么该曲线属于第二类；如果该方程包含一个或两个未知量的五次项或六次项，那么该曲线属于第三类；依此类推。

在图2-2中，设曲线 *EC* 为直尺 *GL* 与平面直线图形 *CNKL* 的交点的轨

---

〔1〕即这种关系是已知的，比如，两条直线间的关系区别于一条直线与一条曲线间的关系，除非这条曲线的长度已知。

〔2〕显然，这一陈述包含了解析几何的基本概念。

〔3〕"最简单的一类曲线"这一表述现在并不被认同。现在人们认为，一条平面曲线的次数或度数是指这条曲线与任一直线的最大交点数，而第一类是指平面上任一点的最大切线数。

〔4〕放在一起讨论是因为任一四次方程总是可以化为三次方程的。

〔5〕因此，笛卡尔方程中既有 x^2y，x^2y^2，…，也有 x^3，y^4…。

迹，直线图形的边 KN
为 CN 的延长线，图形
本身以下面的方式在同一
平面内移动：它的边[1]
KL 始终与线段 BA（朝
两个方向延长）的一部
分共线，直尺 GL 绕点
G 旋转（直尺 GL 交图形
CNKL 于 L）[2]。如果
想知道该曲线属于哪一

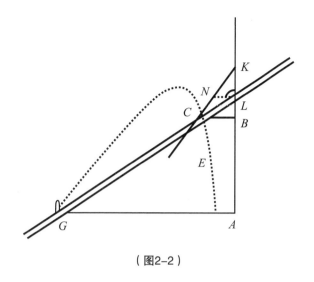

（图2-2）

类，则可以任选一条直线，比如 AB，将其作为曲线上所有点的参照物，然后
在 AB 上选定一个点作为起点，比如点 A，进行探究[3]。这里之所以说"任
选"，是因为我们可以自由地选择线段。虽然为了使方程尽可能简短，在选
择线段时需要小心谨慎，但是无论我们选择哪一条线段充当 AB，所得到的
曲线都属于同一类，这是很容易证明的[4]。

接下来，我在该曲线上取任意一点，如点 C，假设用来描绘曲线的工具
经过该点，过点 C 作线段 CB 平行于 GA。由于 CB 与 BA 均为未知且不确定

---

〔1〕即直径。

〔2〕因此，这一工具包含三部分：

    （1）无限长度的直尺 AK，固定在某一平面上；

    （2）无限长度的直尺 GL，固定在与 AK 同一平面的枢轴 G 上；

    （3）以直线组成的图形 BKC，其边 KC 为无限长，直尺 GL 与 BK 交于点 L，KC 随直尺 GL 滑动。

〔3〕笛卡尔以点 A 为原点，线段 AB 为横坐标轴。他使用了平行坐标，但是没有作出坐标轴。

〔4〕曲线的性质不受坐标轴变化的影响。

的量，我便将二者分别设为 y ，x 。要想得到这些量之间的关系，还必须考虑一些构成该曲线的已知量，比如，我设 GA 为 a ，设 KL 为 b ，设 NL 为 c ，其中 $NL /\!/ GA$ 。由于 $NL:LK=c:b$ ，$CB=y$ ，则 $BK=\dfrac{b}{c}y$ 。那么 $BL=\dfrac{b}{c}y-b$ ，$AL=x+\dfrac{b}{c}y-b$ 。此外，由于 $CB:LB=y:(\dfrac{b}{c}y-b)$ ，$AG=a$ ，$LA=x+\dfrac{b}{c}y-b$ ，$CB:LB=AG:LA$ ，则可得 $\dfrac{ab}{c}y-ab=xy+\dfrac{b}{c}y^2-by$ ，这是通过将第一项乘以最后一项得到的。因此，所求方程为

$$y^2=cy-\frac{cx}{b}y+ay-ac$$

从这个方程可知，曲线 EC 属于第一类曲线，它实际上是一条双曲线。[1]

---

〔1〕该曲线的两个分支是由三角形 $CNKL$ 相对于准线 AB 的位置决定的。舒腾给出了以下作图方法和证明：

延长 AG 至 D ，使 $DG=EA$ 。由于当 GL 与 GA ，L 与 A ，C 与 N 重合时，点 E 为该曲线上的一点，则 $EA=NL$ 。作 $DF /\!/ KC$ 。现令曲线 GCE 为经过点 E 的双曲线，其渐近线为 DF 和 FA 。为了证明该双曲线就是上文工具描绘出的曲线，延长 BC 交 DF 于点 I ，作 $DH /\!/ AF$ 并交 BC 于点 H ，则有 $KL:LM=DH:HI$ 。

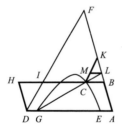 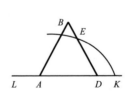

由于 $DH=AB=x$ ，则 $b:c=x:HI$ ，因此 $HI=\dfrac{cx}{b}$ ，$IB=a+c-\dfrac{cx}{b}$ ，$IC=a+c-\dfrac{cx}{b}-y$ 。又因为在任一双曲线中，$IC\cdot BC=DE\cdot DE$ ，可得 $(a+c-\dfrac{cx}{b}-y)y=ac$ 或 $y^2=cy-\dfrac{cxy}{b}+ay-ac$ 。这就是上文所得到的方程，也就是渐近线为 AF 和 FD 的双曲线的方程。

舒腾还给出了用另一种类似的工具来作图的方法：

已知直尺 AB 以 A 为轴，另一直尺 BD 与 AB 交于点 B 。令 AB 绕点 A 旋转，点 D 沿线段 LK 移动，那么由 BD 上的任意点 E 产生的曲线将是一个椭圆，该椭圆的长半轴为 $AB+BE$ ，短半轴为 $AB-BE$ 。

如果把上述所用工具中的直线 CNK ，换成位于 CNKL 内的双曲线或其他第一类曲线，则该曲线与直尺 GL 的交点的轨迹将描绘出第二类曲线，而非双曲线 EC 。

因此，如果 CNK 是一个以 L 为圆心的圆，我们将描绘出古人所掌握的第一条螺旋线。而如果 CNK 是一条以 KB 为轴的抛物线，我们将描绘出一条我在前文中提到的曲线。这是一条最主要的也最简单的曲线，它是帕普斯问题的一个解，即当给定五条直线的位置时的解。

如果描绘曲线所使用的工具不是位于平面 CNKL 内的第一类曲线，而是第二类曲线，那么得到的将是第三类曲线；如果使用的工具是第三类曲线，那么得到的将是第四类曲线；以此类推[1]。这些论断很容易通过具体计算得以证明。

因此，无论我们如何想象所要描绘的曲线，鉴于其总是我所说的几何曲线之一种，总是可以用这种方法找到一个足以确定曲线上所有点的方程。现在，我将四次方程的曲线和三次方程的曲线归为一类，将六次方程的曲线和五次方程的曲线归为一类，以此类推。这种分类方法是基于一个一般规律，

---

[1]拉比勒说明了这一点：用半立方抛物线代替曲线 CNKL ，得到的是五次方程，因此，根据笛卡尔的说法，这条曲线属于第三类曲线。

拉比勒还给出了一种求曲线的通用方法，即无论代替曲线 CNKL 的是什么图形，都可以作出这条曲线：

令 $GA = a$ ，$KL = b$ ，$AB = x$ ，$CB = y$ ，$KB = z$ ，则 $LB = z - b$ ，$AL = x + z - b$ 。现有 $GA : AL = CB : BL$ ，或 $\frac{a}{x + z - b} = \frac{y}{z - b}$ ，则 $z = \frac{xy - by + ab}{a - y}$ 。

其中z的值与图形 CNKL 的性质无关。但是，给定任一图形 CNKL ，都可以根据曲线的性质得到第二个 z 的值。使这些 z 值相等，得到的就是曲线的方程。

《科学、艺术和工艺百科全书》中关于玻璃制作的雕刻版画。

即四次方程可以降次为三次方程，六次方程可以降次为五次方程，因此，在任何一种情况下，都无须认为后者比前者更复杂。

不过，值得注意的是，对于任何一类曲线，其中既有很多曲线因为具有同等的复杂性而被用来确定相同的点、解决相同的问题，也有一些相对简单的曲线，其用途比较局限。我们可以看到，在第一类曲线中，除了具有同等复杂性的椭圆、双曲线和抛物线，还有明显相对简单的圆。在第二类曲线中，我们发现常见的螺旋线通常是由圆和其他一些曲线描绘而成的，虽然它相对于同类的许多曲线更简单，但并不能将其归为第一类曲线[1]。

对上篇提到的帕普斯问题的解释

在对曲线做了大致分类之后，要证明我所给出的帕普斯问题的解就很容易了。首先，我已经证明，在仅有三条或四条线段时，用于确定所求点的方程为二次方程。因此，包含这些点的曲线必然属于第一类曲线，因为这样的方程所表示的是第一类曲线上的所有点与一条固定直线上的所有点之间的关系。当给定直线不超过八条时，这个方程充其量是四次的，因此所得曲线属于第二类或第一类；当给定线段不超过十二条时，这个方程是六次或者更低次的，因此所求曲线属于第三类或更低的类；以此类推。

---

[1] 17世纪，人们使用各种方法描绘曲线。这些方法不仅包括常见的根据方程描绘曲线，或者用细绳和木钉描绘曲线（比如作椭圆），还包括使用转角尺，或用一条曲线获得另一条曲线的方法（比如作蔓叶线）。

其次，由于给定直线的位置都是确定的，某一条位置发生变化，都会使方程中已知量的值和正负符号发生相应的改变，因此很显然：当有四条给定直线时，凡第一类曲线皆为这类问题的解；当有八条给定直线时，凡第二类曲线皆为这类问题的解；当有十二条给定直线时，凡第三类曲线皆为这类问题的解；以此类推。由此可见，凡是能够得到其方程的几何曲线，皆能作为若干条直线的问题的解。

仅有三条或四条线段时这一问题的解

现在，有必要对给定三条或四条线段的情况给出更具体的证明，并对每种特殊情况给出求曲线的方法。这个过程将表明，第一类曲线仅包含圆和三种圆锥曲线。

在图2-3中，再次考虑前文四条给定线段 *AB*、*AD*、*EF* 和 *GH*，求点 *C*

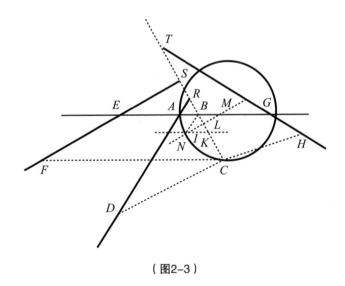

（图2-3）

生成的轨迹，使过点 C 所作的四条线段 CB、CD、CF 和 CH 分别与给定线段成给定角度，且 CB 与 CF 的乘积等于 CD 与 CH 的乘积。也就是说，如果

$$CB = y$$

$$CD = \frac{czy + bcx}{z^2}$$

$$CF = \frac{ezy + dek + dex}{z^2}$$

$$CH = \frac{gzy + fgl - fgx}{z^2}$$

那么，方程为

$$y^2 = \frac{\left(cfglz - dekz^2\right)y - \left(dez^2 + cfgz - bcgz\right)xy + bcfglx - bcfgx^2}{ez^3 - cgz^2}$$

这里假设 $ez > cg$，否则正负符号都要改变[1]。在这个方程中，如果 $y = 0$，或 y 为负数，且假定点 C 落在 $\angle DAG$ 内，那么为导出这一结论，点 C 必须假定落在 $\angle DAE$、$\angle EAR$ 或 $\angle RAG$ 的其中之一内，且符号也要改变。如果对于这四种位置，y 都为0，那么该问题就无解。

假设解存在，为简化推导过程，我们将 $\dfrac{cflgz - dekz^2}{ez^3 - cgz^2}$ 记作 $2m$，将 $\dfrac{dez^2 + cfgz - bcgz}{ez^3 - cgz^2}$ 记作 $\dfrac{2n}{z}$，那么，我们可以得到

$$y^2 = 2my - \frac{2n}{z}xy + \frac{bcfglx - bcfgx^2}{ez^3 - cgz^2}$$

---

〔1〕这里，笛卡尔只给出了一个根，显然，另一个根是第二条轨迹的。

其根[1]为

$$y = m - \frac{nx}{z} + \sqrt{m^2 - \frac{2mnx}{z} + \frac{n^2x^2}{z^2} + \frac{bcfglx - bcfgx^2}{ez^3 - cgz^2}}$$

依然为了简化推导过程，记 $-\frac{2mn}{z} + \frac{bcfgl}{ez^3 - cgz^2} = o$ ，$\frac{n^2}{z^2} - \frac{bcfg}{ez^3 - cgz^2} = \frac{p}{m}$ ，

那么，对于这些给定的量，我们可以用某一种记号来表示。于是，我们有

$$y = m - \frac{n}{z}x + \sqrt{m^2 + ox + \frac{p}{m}x^2}$$

这就给出了线段 BC 的长度，但无法确定 AB ，即 x 的长度。由于问题仅
涉及三条或四条线段，显然我们无论如何都能得到一些项，尽管其中某些项

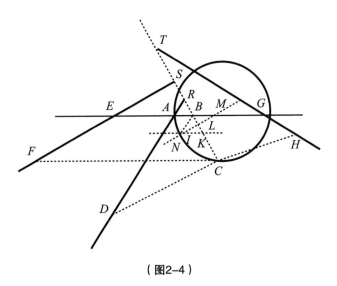

（图2-4）

---

〔1〕笛卡尔在给梅森的一封信中写道："对于帕普斯问题，我只给出了图形和证明，没有给出具
体的分析。换句话说，这就好比我给出了建筑物的结构和施工说明，而把实际的操作留给木匠和泥
瓦匠。"

可能变成0，或符号全部发生改变[1]。

接下来，在图2-4中（图2-4与图2-3相同，为方便阅读而使用不同编号，后有同样情况）作 KI 平行且等于 BA ，并交 BC 于 K ， $BK = m$ （因为 BC 的表达式中包含 $+m$ ；如果它是 $-m$ ，我将沿 AB 的反方向作 IK[2]；如果 $m = 0$ ，便无须作 IK ）。再作 IL ，使得 $IK : KL = z : n$ ，即，使得当 $IK = x$ 时， $KL = \frac{n}{z}x$ 。同样地，若知 $KL : IL = n : a$ ，那么若 $KL = \frac{n}{z}x$ ，则 $IL = \frac{a}{z}x$ 。由于方程中包含 $-\frac{n}{z}x$ ，便可在点 L 和点 C 之间取点 K ；如果在方程中包含 $+\frac{n}{z}x$ ，便可在点 K 和点 C 之间取点 L[3]；如果 $\frac{n}{z}x = 0$ ，就无须作线段 IL 了。

完成上面的步骤后，将得到的表达式为

$$LC = \sqrt{m^2 + ox + \frac{p}{m}x^2}$$

从而可画出 LC 。显然，如果该等式等于0，那么点 C 将落在直线 IL 上[4]；如果该等式具有完全平方根，即，如果 m^2 和 $\frac{p}{m}x^2$ 均为正，且 $o^2 = 4pm$ ，或者 $m^2 = ox = 0$ ，或 $ox = \frac{p}{m}x^2 = 0$ ，那么点 C 将落在另一条直线上，其位置和 IL 一样很好确定。

如果这些例外情况均未出现[5]，那么点 C 总是会落在三种圆锥曲线之一上，又或者落在直径在线段 IL 上的圆上，而线段 LC 则完全附在该直径

---

[1]通过代数计算得到 BC 的值之后，笛卡尔继续用几何方法逐步推导出 BC 的长度。他的结论是：

$$BC = BL + LK + LC = BK - LK + LC = m - \frac{n}{z}x + \sqrt{m^2 + ox + \frac{p}{m}x^2}$$

[2]即在 CB 上取点 I 。

[3]即在 KB 上。点 C 尚未确定。

[4] IL 的方程为 $y = m - \frac{n}{z}x$ 。

[5]在各种情况下，若未知量为 x 和 y 的方程是线性的，则其对应的图形就是一条直线。若根号下的量和 n 均为0，则该线平行于 AB 。若根号下的量和 m 均为0，则点 C 位于 AL 上。

上；另一方面，LC 平行于一直径，而 IL 完全地附于其上。

特别地，如果 $\frac{p}{m}x^2 = 0$，这条圆锥曲线就是一条抛物线；如果该项前面是正号，所得就为一条双曲线；如果该项前面是负号，所得就为一个椭圆。当 $a^2m = pz^2$ 或 $\angle ILC$ 是直角时例外[1]，此时的轨迹是一个圆而非椭圆[2]。

如果这条圆锥曲线是一条抛物线，它的正焦弦就为 $\frac{oz}{a}$，它的直径也总是落在直线 IL 上的[3]。为了找到它的顶点 N，令 $IN = \frac{am^2}{oz}$，使得当 m 和 ox 均为正时，点 I 落在点 L 和点 N 之间；当 m 为正且 ox 为负时，点 L 落在点 I 和点 N 之间；当 m^2 为负且 ox 为正时，点 N 落在点 I 和点 L 之间。然而，

---

〔1〕拉比勒称，"若 $a^2m = pz^2$ 或 $m = p$，则该双曲线是等边双曲线"。

〔2〕这种情况下，$\triangle ILK$ 为直角三角形，因此有 $IK^2 = LK^2 + IK^2$，而根据假设，斜边 $IL : IK : KL = a : z : n$，则 $a^2 + n^2 = z^2$。则该曲线的方程为

$$y = m - \frac{n}{z}x + x\sqrt{m^2 + oz - \frac{p}{m}x^2}$$

由此，含 x^2 的项为

$$\left(\frac{n^2}{z^2} + \frac{p}{m}\right)x^2$$

又，如果 $a^2m = pz^2$，则 $\frac{p}{m} = \frac{a^2}{z^2}$，且包含 x^2 的项变成 $\frac{a^2 + n^2}{z^2}x^2$。

因此，x^2 和 y^2 的系数相等，其轨迹为一个圆。

〔3〕可以描述如下：

根据抛物线的性质，$LC^2 = LN \cdot p$，且 $LN = IL + IN$。令 $IN = \phi$，那么，由于 $IL = \frac{a}{z}x$，

可得 $LN = \frac{a}{z}x + \phi$，$LC = y - m + \frac{n}{z}x$，因此 $\left(y - m + \frac{n}{z}x\right)^2 = \left(\frac{a}{z}x + \phi\right)p$。而根据抛物线的方程，

$\left(y - m + \frac{n}{z}x\right)^2 = m^2 + ox$，可得 $\frac{a}{z}xp + \phi p = m^2 + ox$。由于系数相等，可得 $\frac{a}{z}p = o$，$p = \frac{oz}{a}$，

$\phi p = m^2$，$\phi\frac{oz}{a} = m^2$，$\phi = \frac{am^z}{oz}$。

在上述式子中，m^2 不可能为负。最后，如果 $m^2 = 0$，点 N 必定与点 I 重合。这样，根据阿波罗尼奥斯著作中第一编的第一个问题[1]，我们很容易确定这是一条抛物线。

但是，如果所求轨迹是圆、椭圆或双曲线[2]，则一定要先找到图形的中心点 M。它位于直线 IL 上，当取 $IM = \dfrac{aom}{2pz}$ 时即可作出。如果 $o = 0$，那么点 M 与点 I 重合。如果所求轨迹是圆或椭圆，那么当 ox 为正时，点 M 和点 L 必定落在点 I 的同侧；当 ox 为负时，它们必定落在点 I 的异侧。如果所求轨迹是双曲线，那么当 ox 为负时，点 M 和点 L 落在点 I 的同侧；当 ox 为正时，它们落在点 I 的异侧。

如果 m^2 为正且轨迹为圆或椭圆，或者 m^2 为负且轨迹为双曲线，那么该图形的正焦弦必定为

$$\sqrt{\frac{o^2z^2}{a^2} + \frac{4mpz^2}{a^2}}$$

如果 m^2 为负且所求轨迹为圆或椭圆，或者所求轨迹为双曲线，且 $o^2 > 4mp$，$m^2 > 0$，其正焦弦必定为

$$\sqrt{\frac{o^2z^2}{a^2} - \frac{4mpz^2}{a^2}}$$

但是，如果 $m^2 = 0$，则正焦弦为 $\dfrac{oz}{a}$；如果 $oz = 0$，其正焦弦为

$$\sqrt{\frac{4mpz^2}{a^2}}$$

---

〔1〕阿波罗尼奥斯在原文中是这样说的：已知一抛物线的参数、顶点以及纵坐标与相应横坐标之间的夹角，要求在一平面内作出该抛物线。

〔2〕在此，笛卡尔将中心二次曲线归为一类，将圆看作一种特殊的椭圆，但在所有情况下都做单独讨论。

笛卡尔好友马林·梅森的手写笔记。

为了得到相应的直径，必须找出与正焦弦的比值为 $\dfrac{a^2m}{pz^2}$ 的线段。也就是说，如果正焦弦为

$$\sqrt{\frac{o^2z^2}{a^2}+\frac{4mpz^2}{a^2}}$$

则直径为

$$\sqrt{\frac{a^2o^2m^2}{p^2z^2}+\frac{4a^2m^3}{pz^2}}$$

在以上任何一种情形中，该圆锥曲线的直径都落在 IM 上，LC 是完全地附于其上的线段之一。由此可见，令 MN 的长度为直径的一半，在 M 的同侧取点 N 和点 L，则点 N 为该直径的端点[1]。因此，根据阿波罗尼奥斯著作第一编的第二和第三个问题[2]，我们可以很容易确定这条曲线。

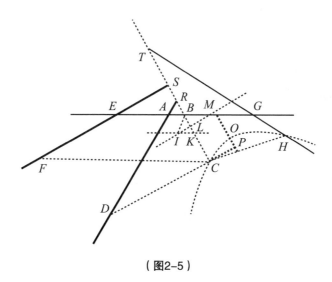

（图2-5）

[1] 如果该方程式包含 $-m^2$ 和 $+nx$，则必定有 $n^2 > 4mp$，否则问题不成立。

[2] 参看阿波罗尼奥斯的原文为：已知一双曲线的轴、顶点、参数以及各轴之间的角度，要求作出这条双曲线。椭圆同。

当轨迹为双曲线、m^2 为正，且 o^2 等于0或小于 $4pm$ 时（如图2-5），我们必须以点 M 为中心，作直线 MOP 平行于 LC，作 CP 平行于 LM，并取 $MO = \sqrt{m^2 - \dfrac{o^2 m}{4p}}$；而如果 $ox = 0$，则 MO 必须等于 m。

再取双曲线的顶点为 O，则直径为 OP，完全地附于其上的线段是 CP，其正焦弦为

$$\sqrt{\frac{4a^4 m^4}{p^2 z^4} - \frac{a^4 o^2 m^3}{p^3 z^4}}$$

其直径为

$$\sqrt{4m^2 - \frac{o^2 m}{p}}$$

当 $ox = 0$ 时，则为例外情形，此时正焦弦为 $\dfrac{2a^2 m^2}{pz^2}$，直径为 $2m$。

因此，根据上述数据，以及阿波罗尼奥斯著作第一编的第三个问题，我们可以确定这条曲线。

对该解的论证

上述结论的证明非常简单。在图2-6中，因为对于上文给出的量，比如正焦弦、直径、直径 NL 或 OP 上的截段，采用阿波罗尼奥斯著作第一编的定理11、12和13就能作出其乘积，得出的结果正好表示线段 CP 或 CL 的平方，也就是直径的纵坐标。

这里，我们应从 NM 或者与之相等的量

$$\frac{am}{2pz}\sqrt{o^2 + 4mp}$$

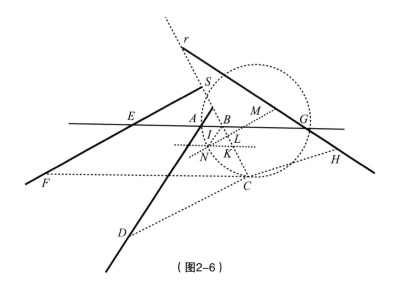

（图2-6）

中除去 IM ，即 $\dfrac{aom}{2pz}$ 。

又，$IL = \dfrac{a}{z}x$ ，在 IN 上加 IL 即 $\dfrac{a}{z}x$ ，得

$$NL = \dfrac{a}{z}x - \dfrac{aom}{2pz} + \dfrac{am}{2pz}\sqrt{o^2 + 4mp}$$

用上式乘以曲线的正焦弦

$$\dfrac{z}{a}\sqrt{o^2 + 4mp}$$

得到一个矩形的值

$$x\sqrt{o^2 + 4mp} - \dfrac{om}{2p}\sqrt{o^2 + 4mp} + \dfrac{mo^2}{2p} + 2m^2$$

再从其中减去一个矩形，该矩形与 NL 的平方的比值，等于正焦弦与直径之比。而 NL 的平方为

$$\dfrac{a^2}{z^2}x^2 - \dfrac{a^2 om}{pz^2}x + \dfrac{a^2 m}{pz^2}x\sqrt{o^2 + 4mp} + \dfrac{a^2 o^2 m^2}{2p^2 z^2} + \dfrac{a^2 m^3}{pz^2} - \dfrac{a^2 om^2}{2p^2 z^2}\sqrt{o^2 + 4mp}$$

因为这些项可以表示出直径与正焦弦之比，所以我们用 $a^2 m$ 除上式再乘 pz^2 ，得

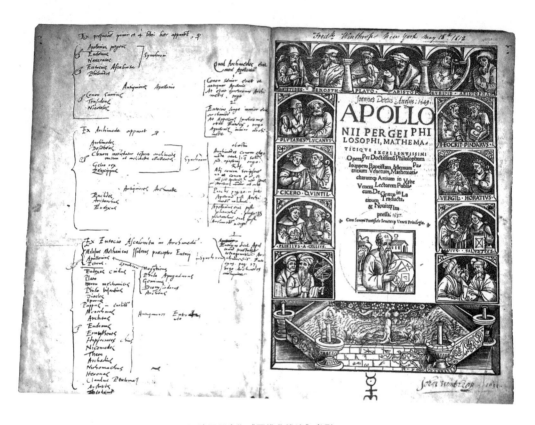

阿波罗尼奥斯《圆锥曲线论》书影。

$$\frac{p}{m}x^2 - ox + x\sqrt{o^2 + 4mp} + \frac{o^2 m}{2p} - \frac{om}{2p}\sqrt{o^2 + 4mp} + m^2$$

接下来，我们再从之前得到的矩形中减去上式，得

$$CL^2 = m^2 + ox - \frac{p}{m}x^2$$

由此可知，CL 是附于 NL（直径的截段）上的椭圆或圆的纵坐标。

假设给所有上述线段和角度赋值，如 $EA = 3$，$AG = 5$，$AB = BR$，$BS = \frac{1}{2}$ BE，$GB = BT$，$CD = \frac{3}{2}CR$，$CF = 2CS$，$CH = \frac{2}{3}CT$，$\angle ABR = 60°$，且令 $CB \cdot CF = CD \cdot CH$。要想求解这一问题，这些量都必须已知。现令 $AB = x$，$CB = y$。通过上述方法，我们可得

$$y^2 = 2y - xy + 5x - x^2$$

$$y = 1 - \frac{1}{2}x\sqrt{1 + 4x - \frac{3}{4}x^2}$$

其中 BK 必定等于1，KL 必定等于 $\frac{1}{2}KI$。由于 $\angle IKL = \angle ABR = 60°$，$\angle KIL = 30°$（等于 $\frac{1}{2}\angle KIB$ 或 $\frac{1}{2}\angle IKL$），则 $\angle IKL = 90°$。又由于 $IK = AB = x$，$KL = \frac{1}{2}x$，$IL = x\sqrt{\frac{3}{4}}$，且 z 表示的量为1，可得 $a = \sqrt{\frac{3}{4}}$，$m = 1$，$o = 4$，$p = \frac{3}{4}$，那么 $IM = \sqrt{\frac{16}{3}}$，$NM = \sqrt{\frac{19}{3}}$。又由于 $a^2 m = pz^2 = \frac{3}{4}$，则由此可知，曲线 NC 为圆。对于其他任何情况，用类似的方法求解都不会太难。

平面与立体问题及其求解的方法

由于以上讨论中的所有方程的次数都不超过两次，所以，这不仅解决了古人已经解决的涉及三条或四条线段的问题，同时也解决了他们所说的立体

问题，自然而然也解决了平面问题，因为平面问题就包含在立体问题中[1]。所有几何问题无非就是找到某种状态所要求的完全确定的一点（就像例题中那样），整条线段上的所有点都要满足条件。如果这条线是直线或圆，就是平面问题；而如果是抛物线、双曲线或椭圆，就是立体问题。对于每一种情况，我们都能得到包含两个未知量的方程，其完全和上文所找到的方程类似。如果所求点所在曲线的次数高于圆锥曲线的次数，那么这就可被称为超立体问题。以此类推，如果在确定一点时缺少两个条件，那么该点的轨迹就是一个面，这个面可能是平面，也可能是球面或更为复杂的曲面。古人没有对立体问题外的图形作进一步探究。因此，阿波罗尼奥斯在其著作中论及圆锥曲线部分，纯粹是为了求解立体问题的需要。

我已经进一步说明，我称之为第一类曲线的只包括圆、抛物线、双曲线和椭圆，这也是我所论证的内容。

---

[1] 由于平面问题是立体问题的特殊情况，所以笛卡尔省略了既无 x^2 也无 y^2 而只有 xy 项，以及只有常数项的情形。不同类型的立体问题所对应的方程都形如 $y = \pm m \pm \frac{n}{z}x \pm \frac{n}{x} \pm \sqrt{\pm m^2 \pm ox \pm \frac{p}{m}x}$，具体如下：

（1）如果等式右边所有项除 $\frac{n}{x}$ 外均为0，则该方程表示的是一条具有渐近线的双曲线。

（2）如果 $\frac{n}{x}$ 项不存在，则有以下几种情形：

（a）如果根号下的数是0或完全平方数，则该方程表示的是一条直线；

（b）如果根号下的数不是完全平方数且 $\frac{p}{m}x^2 = 0$，则该方程表示的是一条抛物线；

（c）如果根号下的数不是完全平方数且 $\frac{p}{m}x^2 < 0$，则该方程表示的是一个圆或椭圆；

（d）如果 $\frac{p}{m}x^2 > 0$，则该方程表示的是一条双曲线。

关于五条线的问题所需的最基本、最简单的曲线

如果古人提出的问题涉及五条直线，并且它们相互平行，那么，显然地，所求的点总是落在一条直线上。假设提出的问题涉及五条直线，且满足以下条件：

（1）其中四条相互平行，第五条与其他四条垂直；

（2）从所求点所引直线与给定五条直线均垂直；

（3）作与三条平行直线相交的三条线段，以此三条线段为边所作的平行六面体[1]必然等于以另三条线段为边所作的平行六面体，这三条线段分别为：所作的与第四条平行线相交的线段、与垂线相交的线段，以及某条给定线段。

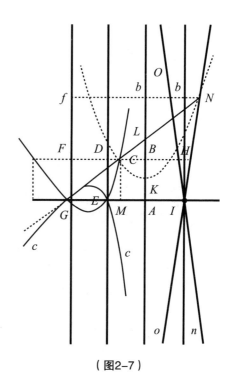

（图2-7）

除去前文所提及的特殊情况，这是最简单的一种情形了。所求点将落在由一条抛物线以下述方式运动所形成的曲线上：

---

〔1〕即这些线段的长度的乘积。

笛卡尔是通过轨迹来寻求方程，而费马（图）则是通过方程来研究轨迹，
这正是解析几何基本原则的两个相对的方面。

在图2-7中，假定给定直线为 AB、IH、ED、GF、GA，需找到一点 C，使得当所作线段 CB、CF、CD、CH、CM 分别与给定线段垂直时，以 CF、CD、CH 这三条线段为边作成的平行六面体与以 CB、CM 和 AI 为边所作的平行六面体相等。令 $CB = y$，$CM = x$，$AI = AE = GE = a$，那么，当 C 落在 AB 和 DE 之间时，有 $CF = 2a - y$，$CD = a - y$，$CH = y + a$。这三个量的乘积就等于其他三条线段的乘积，即 $y^3 - 2ay^2 - a^2y + 2a^3 = axy$。

接下来，我们考虑曲线 CEG。我想象其为抛物线 CKN（该抛物线运动时，其直径 KL 总是落在直线 AB 上）和直尺 GL（该直尺绕点 G 旋转时，总是落在抛物线所在的平面内且经过点 L）的交点所描绘出的曲线。取 $KL = a$，令主正焦弦与给定抛物线的轴的正焦弦一一对应，也等于 a，并令 $GA = 2a$，CB 或 $MA = y$，CM 或 $AB = x$。由于 $\triangle GMC$ 和 $\triangle CBL$ 相似，$\dfrac{GM}{MC} = \dfrac{CB}{BL}$，$GM = 2a - y$，$MC = x$，$CB = y$，则 $BL = \dfrac{xy}{2a - y}$。又由于 $KL = a$，则 $BK = a - \dfrac{xy}{2a - y}$ 或 $\dfrac{2a^2 - ay - xy}{2a - y}$。再则，由于 BK 是抛物线直径上的截段，则 $\dfrac{BK}{BC} = \dfrac{BC}{a}$（此处，$BC$ 指纵坐标，a 表示正焦弦），从而可得，$y^3 - 2ay^2 - a^2y + 2a^3 = axy$，而点 C 即为所求。

点 C 可为曲线 CEG 或其伴随曲线 $cEGc$ 上的任一点，后者的描绘轨迹，除了该抛物线的顶点转向相反外，其余均与前者相同；点 C 也可能落在 NIo 和 nIO 上，二者是由直线 GL 与抛物线 KN 的另一支的交点所生成的。

再则，假设给定平行线 AB、IH、ED 和 GF，两两之间的距离不相等且均不垂直于 GA，并且所有过点 C 的线段不与给定直线垂直，那么点 C 不总是落在具有同样性质的曲线上。对于给定直线没有两两平行的情况，也可能导致这种结果。

接下来，假设有四条平行直线，第五条直线与它们相交，则以过点 C 所笛卡尔在皇家亨利学院的毕业登记表。

作的三条线段（一条引向第五条直线，两条引向平行线中的两条）为边作成的平行六面体，与以过点 C 所作的与其他两条平行线相交的两条线段和另一条给定线段为边作成的平行六面体相等。这种情况下，所求点 C 落在一条具有不同性质的曲线上[1]，即这条曲线上所有到其直径的纵标线等于一种圆锥截线的纵标线，直径上位于顶点和纵标线之间的线段[2]与某给定线段之比等于这条线段与圆锥截线的直径上具有相同纵标线的那一段的比[3]。

我不能说这条曲线比前文所提到的曲线复杂，但我确实认为，前文那条曲线应该首先被考虑，因为其描绘方式和方程的确定都相对简单些。

我不再对其他情形的曲线作详尽的讨论，因为我还一直没有对这一课题进行完全的论述。由于已经解释了确定落在某一条曲线上的无穷多个点的方法，我想我已经提供了描绘这些曲线的方法。

通过找到曲线上的若干点来描绘的几何曲线

值得一提的是，通过找到曲线上的若干点来确定曲线轨迹的方法[4]与用于找旋螺线以及类似曲线[5]的方法大不相同。对于后者，并不是所求曲线

---

〔1〕该曲线的一般方程为 $axy - xy^2 + 2a^2x = a^2y - ay^2$。

〔2〕即这些点在曲线上的横坐标。

〔3〕用现代术语表达为：该曲线具有这样的性质，即其上任一点的横坐标与一圆锥曲线上任一点的横坐标成 3∶1 的比例，该点的纵坐标与已知点及已知线段的纵坐标相同。

〔4〕即解析几何的方法。

〔5〕即超越曲线，笛卡尔称之为"机械曲线"。

上的任一点都可以轻易求得，可求出的只是这样一些点：它们可以通过比作出整条曲线所需的方法更加简单的方法来确定。因此，严格地讲，一方面，我们不可能求出曲线上的任何一点，即所有要找的点中没有一个是曲线上的特殊点——它可以不借助曲线本身而求得。另一方面，这些曲线上不存在这样的点——它能够求出用我上文所给出的方法无法确定的方程的解。

可利用细绳描绘的曲线

不过，通过任取曲线上一定数量的点来描绘该曲线的方法，仅适用于能够由有规则的连续运动所生成的曲线。虽然它并不能解释出现例外情况的原因，但我们也不能因此就舍弃这一方法，即，使用细绳或绳环来比较从所求曲线上的一些点到另外一些点之间[1] 所引的两条或多条线段是否相等，或用于与其他直线形成固定大小的角。我在《折光》中讨论椭圆和双曲线的时候，也用到了这一方法。

几何学不应只包含像细绳那样时直时弯的线；由于直线和曲线间的比值未知，而且我认为这一比值是人类无法发现的，所以基于这些比值得出的结论也不会是严格和精确的。不过，由于细绳还可以用来构造长度已知的线段，所以不应被完全排除在外。

---

[1] 比如椭圆的中心点。

为了解曲线的性质，
必须知道其上各点与直线上各点的关系

当一条曲线上的所有点和一条直线上的所有点之间的关系已知[1]时，用我前文提到的方法，就很容易求得这条曲线上的点与其他给定点和线段之间的关系；并且根据这些关系[2]，可以求出其直径、轴、中心和其他对确定该曲线起重要作用的线段或点；从而得到几种不同的描绘该曲线的方式，然后选择最简单的一种即可。

只需使用这种方法，便可以求得所有可以确定的、有关其面积大小的量，这里我就不赘述了。

最后，曲线的所有其他性质，仅取决于这些曲线与其他线段所成的角度。而两条相交曲线所成的角，与两条直线所成的夹角一样十分容易测量，前提是可以作一条直线，使之与两条曲线中的一条在两条曲线的交点处形成直角[3]。这也使我相信，只要我给出过曲线上任一点作一条直线垂直于该曲线的一般方法，我对各种曲线的研究就完整了。我敢说，这不仅是我所知道的几何学中最有用和最一般的问题，也是我一直都极为感兴趣的问题。

---

〔1〕可以通过曲线方程表示出来。
〔2〕例如切线方程、法线方程等。
〔3〕即，两条曲线之间的夹角被定义为法线与曲线交点之间的夹角。

作一直线与给定曲线相交并成直角的一般方法

在图2-8中，设 CE 为给定曲线，要求作出一条过点 C 且与 CE 垂直的直线。假设该直线存在，并设该直线为 CP。延长 CP 与直线 GA 相交，使 GA 上的点与 CE 上的点相关[1]。又令 $MA = CB = y$，$CM = BA = x$。然后我们要找到一个方程来表示 x 与 y 的关系[2]。令 $PC = s$，$PA = v$，则 $PM = v - y$。在 $Rt\triangle PMC$ 中，由于 $\angle PMC = 90°$，则斜边的平方等于两直角边的平方之和，即 $s^2 = x^2 + v^2 - 2vy + y^2$。从而可得，$x = \sqrt{s^2 - v^2 + 2vy - y^2}$ 或 $y = v + \sqrt{s^2 - x^2}$。利用这两个方程，可以消去方程中的 x 或 y，从而表示出曲线 CE 和直线 GA 上各点之间的关系。如果要消去 x，则要利用表达式 $\sqrt{s^2 - v^2 + 2vy - y^2}$ 替换 x，x^2 即为该表达式的平方，x^3 即为该表达式的立方，以此类推；如果要消去 y，则要利用表达式 $v + \sqrt{s^2 - x^2}$ 替换 y，y^2 即该表达式的平方，y^3 即该表达式的立方，以此类推。无论是消去 x 还是 y，最

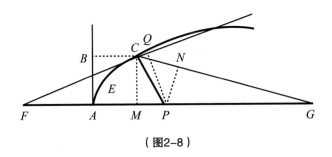

（图2-8）

---

[1] 即以直线 GA 为一个坐标轴。

[2] 这将是该曲线的方程。

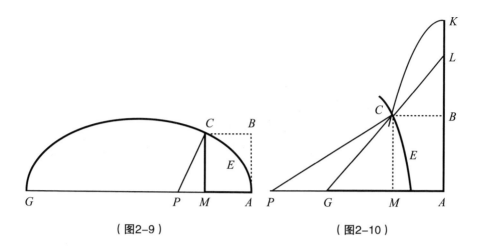

（图2-9）　　　　　　　　（图2-10）

终都会得到只含一个未知量 y 或 x 的方程。

（1）在图2-9中，若 CE 为一椭圆，MA 为其直径上的截段，CM 为纵坐标，r 为正焦弦，q 为水平轴，那么根据阿波罗尼奥斯著作第一篇中的定理13，可得 $x^2 = ry - \dfrac{r}{q}y^2$。消去 x^2，可得 $s^2 - v^2 + 2vy - y^2 = ry - \dfrac{r}{q}y^2$，或 $y^2 + \dfrac{qry - 2qvy + qv^2 - qs^2}{q-r} = 0$。

对于这种情况，最好把整个式子当作整体来看，而不是将其看作是由两个相等的部分组成[1]。

（2）在图2-10中，若曲线 CE 是由前文提到的一抛物线运动所生成的曲线，并用 b 表示 GA，c 表示 KL，d 表示该抛物线的轴 KL，则 x 与 y 的关系可用方程表示为

$$y^3 - by^2 - cdy + bcd + dxy = 0$$

---

[1]也就是说，把所有项移到等式左边。

笛卡尔在书房工作。

消去 x，可得

$$y^3 - by^2 - cdy + bcd + dy\sqrt{s^2 - v^2 + 2vy - y^2} = 0$$

将其平方，各项根据 y 的次数由高到低排列，可得

$$y^6 - 2by^5 + (b^2 - 2cd + d^2)y^4 + (4bcd - 2d^2v)y^3 + (c^2d^2 - d^2s^2 + d^2v^2 -$$
$$2b^2cd)y^2 - 2bc^2d^2y + b^2c^2d^2 = 0$$

其他情况以此类推。若曲线上的点与直线上的点的关系无法通过前文所述的方式表示出来，而是通过其他某种方式相联系，那么也总是可以找到这样一个方程。

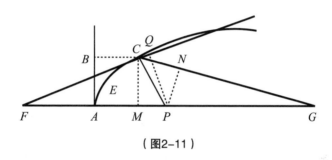

（图2-11）

（3）在图2-11中，令曲线 CE 与点 F、G、A 相关，具体关系如下：从曲线上任一点引一条直线，比如从 C 点引一条直线 CF，则 CF 与 FA 的差与 GA 与 CG 的差的比值一定[1]。令 $GA = b$，$AF = c$，现取曲线上任意一点 C，使 $\dfrac{CF - FA}{GA - GC} = \dfrac{d}{e}$。因此，若 z 表示一尚未确定的量，则 $FC = c + z$，且 $GC = b - \dfrac{e}{d}z$。令 $MA = y$，则 $GM = b - y$，$FM = c + y$。由于 $\angle CMG = 90°$，则 $GC^2 - GM^2 = CM^2$，即 $CM^2 = \dfrac{e^2}{d^2}z^2 - \dfrac{2be}{d}z + 2by - y^2$。我们还可以用另一

---

[1] 即 $CF - FA$ 与 $GA - CG$ 的比值为一常数。

个方程表达：$FC^2 - FM^2 = CM^2$，即 $CM^2 = z^2 + 2cz - 2cy - y^2$。两个方程相等，由此可得 y 或 MA 的值为

$$\frac{d^2z^2 + 2cd^2z - e^2z^2 + 2bdez}{2bd^2 + 2cd^2}$$

利用这个值代替表示 CM 平方的方程中的 y，可得

$$CM^2 = \frac{bd^2z^2 + ce^2z^2 + 2bcd^2z - 2bcdez}{bd^2 + cd^2} - y^2$$

假设线段 PC 与曲线相切于点 C 而形成直角，同样令 $PC = s$，$PA = v$，则 $PM = v - y$。由于 $\angle PMC = 90°$，则 $CM^2 = s^2 - v^2 + 2vy - y^2$。令表示 CM 平方的两个值相等，并以 y 的值代入，得到

$$z^2 + \frac{2bcd^2z - 2bcdez - 2cd^2vz - 2bdevz - bd^2s^2 + bd^2v^2 - cd^2s^2 + cd^2v^2}{bd^2 + ce^2 + e^2v - d^2v} = 0$$

这个方程[1]并不是用来确定 x、y、z 的（因为点 C 是已知的，所以 x，y，z 也是已知的），而是用来求 v 或 s，以确定所求点 P 的。因此需要注意的是，若点 P 满足所需条件，则以点 P 为圆心过点 C 的圆将与曲线 CE 相切而不相交；但是，若点 P 稍微靠近或远离点 A，该圆就会与该曲线相交于两点，即点 C 和另一个点。若该圆与 CE 相交，含未知量 x 和 y（假设 PA 和 PC 已知）的方程必定有两个不同的根。比如，在图2-12中。假设该圆与曲线相交于点 C 和点 E。作 $EQ \parallel CM$，则 x 和 y 可分别用于表示 EQ 和 QA，就像之前分别用于表示 CM 和 MA 一样。由于 $PE = PC$（均为同一圆的半径），若要求 EQ 和 QA（假设 PE 和 PA 已知），则所得到的方程与求 CM 和 MA 时的一样（假设 PC 和 PA 已知）。由此可知，x 或 y 或其他量的值在这个方程中均有

---

[1] 笛卡尔一共得到了三个这样的方程，即椭圆、抛物线和此处描述的曲线的方程。

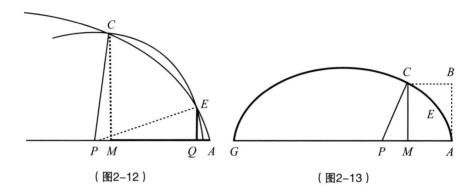

（图2-12）　　　　　　　　　（图2-13）

两个，即该方程有两个不同的根。若要求 x 的值，则这两个根分别为 CM 和 EQ ；若要求 y 的值，则这两个根分别为 MA 和 QA 。若点 E 和点 C 不在曲线的同一侧，便只有一个根是真根，另一个则位于相反的方向或小于0 。然而，点 C 与点 E 之间的距离越短，两个根的差值就越小。当两点重合时，两根恰恰相等，即过点 C 的圆与曲线 CE 相切于点 C（如图2-13）。

此外，当一个方程有两个相同的根时，方程等式左边部分在形式上等于一未知量与一已知量的差的平方的表达式[1]；那么，若最终所得式子的次数小于原方程的次数，则将该式乘以另一个式子，从而使得其次数与原方程相等。最后一步是为了使两个表达式中的各项一一对应。

比如，前面讨论的情况下的第一个方程左侧的表达式，即

$$y^2 + \frac{qry - 2qvy + qv^2 - qs^2}{q - r}$$

必定与以下方式得到的式子具有相同的形式。令 e 为 y 的根，展开 $(y - e)^2$ 可得 $y^2 - 2ey + e^2$ 。那么，我们便可以对两个表达式逐项进行比

---

［1］即，当 x 的根为 a 时，等式左边将等于二项式 $(x - a)^2$ 。

较：对于第一项，两式中均为 y^2；对于第二项[1]，有 $\dfrac{qry - 2qvy}{q - r} = -2ey$，从而得到 $PA = v = e - \dfrac{r}{q}e + \dfrac{1}{2}r$，或者，由于我们令 $e = y$，则 $v = y - \dfrac{r}{q}y + \dfrac{1}{2}r$；同理，我们可以根据第三项 $e^2 = \dfrac{qv^2 - qs^2}{q - r}$ 求得 s；但由于 v 完全决定所求点 P，所以无须作进一步的解释[2]。

同理，前文得到的第二个方程[3]（对应曲线如图2-14），即

$$y^6 - 2by^5 + (b^2 - 2cd + d^2)y^4 + (4bcd - 2d^2v)y^3 + (c^2d^2 - d^2s^2 + d^2v^2 -$$

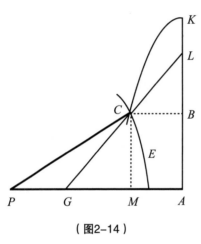

（图2-14）

$$2b^2cd)y^2 - 2bc^2d^2y + b^2c^2d^2$$

必定与 $y^4 + fy^3 + g^2y^2 + h^3y + k^4$ 乘 $y^2 - 2ey + e^2$ 所得式子的形式相同，即

$$y^6 + (f - 2e)y^5 + (g^2 - 2ef + e^2)y^4 + (h^3 - 2eg^2 + e^2f)y^3 + (k^4 - 2eh^3 + e^2g^2)y^2 + (e^2h^3 - 2ek^4)y + e^2k^4$$

根据这两个表达式，可以得到六个等式，根据这些等式可以得到 f，g，h，k，v，s。显然，无论给定曲线

---

〔1〕即含 y 的第二项系数。

〔2〕即，为了作 PC，我们可以先作 $AP = v$，然后连接点 P 和点 C。如果转而利用 e 的值，则以点 C 为圆心，$CP = e$ 为半径，作一圆弧，该圆弧交 AG 于点 P，再连接点 P 和点 C。例如，要将笛卡尔的方法应用于圆，只需使所有的参数和直径相等，即 $q = r$，因此方程 $v = y - \dfrac{r}{q}y + \dfrac{1}{2}r$ 变成 $v = \dfrac{1}{2}q$，即等于直径的一半。也就是说，法线经过圆心，是圆的半径。

〔3〕这里，笛卡尔依然用"第二个方程"来表示"第二个方程的左边部分"。

属于哪一类，通过这一方法总是可以得到与未知量个数相同的方程。为解出这些方程，并最终求得未知量 v（其他量都是为了得到 v 的中间量），我们首先应求得 f，即上述表达式第二项中的第一个未知量。因此，$f = 2e - 2b$。那么，根据最后一项，我们可以求得 k，它是上式中最后一个未知量，即 $k^4 = \dfrac{b^2 c^2 d^2}{e^2}$。根据第三项可得第二个量 g，即

$$g^2 = 3e^2 - 4be - 2cd + b^2 + d^2$$

根据第四项可得第三个量 h，即

$$h^3 = \frac{2b^2 c^2 d^2}{e^3} - \frac{2bc^2 d^2}{e^2}$$

我们可以按照这样的顺序进行下去，直到求出最后一个量。

那么，根据对应项（第四项），可得 v，即

$$v = \frac{2e^3}{d^2} - \frac{3be^2}{d^2} + \frac{b^2 e}{d^2} - \frac{2ce}{d} + e + \frac{2bc}{d} + \frac{bc^2}{e^2} - \frac{b^2 c^2}{e^3}$$

或令 $y = e$，可得 AP 的长度 v，即

$$v = \frac{2y^3}{d^2} - \frac{3by^2}{d^2} + \frac{b^2 y}{d^2} - \frac{2cy}{d} + y + \frac{2bc}{d} + \frac{bc^2}{y^2} - \frac{b^2 c^2}{y^3}$$

同理，第三个方程[1]（对应曲线如图2-15），即

$$z^2 + \frac{2bcd^2 z - 2bcdez - 2cd^2 vz - 2bdevz - bd^2 s^2 + bd^2 v^2 - cd^2 s^2 + cd^2 v^2}{bd^2 + ce^2 + e^2 v - d^2 v}$$

与 $z^2 - 2fz + f^2$（$f = z$）形式相同，所以

$$-2f = \frac{2bcd^2 - 2bcde - 2cd^2 v - 2bdev}{bd^2 + ce^2 + e^2 v - d^2 v}$$

---

〔1〕即第三个方程的左边部分。

或

$$-2z = \frac{2bcd^2 - 2bcde - 2cd^2v - 2bdev}{bd^2 + ce^2 + e^2v - d^2v}$$

由此可得

$$v = \frac{bcd^2 - bcde + bd^2z + ce^2z}{cd^2 + bde - e^2z + d^2z}$$

因此，若取 $AP = v$，所有项都是已知的，连接一定点 P 与点 C，该线段与曲线 CE 相切，即为所求。这一方法适用于可用几何法求解的所有曲线[1]。

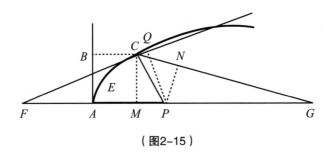

（图2-15）

需要注意的是，对于任取的用于将原方程次数增加到所需次数的表达式，比如上文取的式子 $y^4 + fy^3 + g^2y^2 + h^3y + k^4$，其中的正负号可以任取，并不会影响最终得出的 AP 或 v 的值[2]。这一点很容易证明，但是如果我每

---

[1] 让我们将此方法应用于在一条抛物线的给定点处作法线的问题中。由前文可知，$s^2 = x^2 + v^2 - 2vy + y^2$。若该抛物线的方程为 $x^2 = ry$，通过代换可得：

$s^2 = ry + v^2 - 2vy + y^2$ 或 $y^2 + (r - 2v)y + v^2 - s^2 = 0$

又有 $y^2 - 2ey + e^2 = 0$，可得 $r - 2v = -2e$，$v^2 - s^2 = e^2$，$v = \frac{r}{2} + e$。由于 $e = y$，$v = \frac{r}{2} + y$，再令 $AM = y$，$v = AP$，则 $AP - AM = MP = \frac{1}{2}r$。

[2] 我们可以发现，笛卡尔一般不会把系数写成具有实际意义的正负数，而总是用符号表示，比如 a。但是在这里，他提出了具体的建议。

用到一个定理都停下来证明一番，那我要写的可就太多了。因此，我在此仅大致说一下证明思路，即假设两个方程形式相同，对它们进行逐项比较，则每一项都可以得到一个对应的方程。我在这里也给出了一个例子，它适用于所有同类的问题，这是我的一般方法所具有的重要特点[1]。

我将不会给出根据以上方法作出所需切线和一般线段的方法，因为这是

---

[1] 此方法可用于在一条曲线的给定点处作法线，或从曲线外一点作曲线的切线，或求拐点、最大值和最小值；等等。

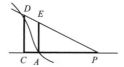

比如，求第一类三次抛物线上的拐点（上图）。令 $CD = y$，$AC = x$，$PA = s$，$AE = r$。由于 $\triangle PAE$ 与 $\triangle PCD$ 相似，可得 $\dfrac{y}{x+s} = \dfrac{r}{s}$，故而 $x = \dfrac{sy - rs}{r}$。代入曲线方程，可得 $y^3 - \dfrac{a^2 gy}{r} + a^2 s = 0$。但是，如果点 D 是拐点，则该方程必定有三个相等的根，因为在拐点处有三个重合点。结合该方程与方程 $y^3 - 3ey^2 + 3e^2y - e^3 = 0$，则 $3e^2 = 0$，$e = 0$。又，$e = y$，则 $y = 0$。因而拐点为（0，0）。

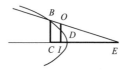

可以将该方法与费马在《求最大值和最小值的方法》（*Methodus ad disquirendam maximam et minimam*）一书中提出的作切线的方法进行比较，后者具体要求是：从抛物线外一点 O 向抛物线引切线（下图）。根据抛物线的性质，点 O 位于曲线外，则 $\dfrac{CD}{DI} > \dfrac{BC^2}{OI^2}$。又根据相似三角形，有 $\dfrac{BC^2}{OI^2} = \dfrac{CE^2}{IE^2}$，因此 $\dfrac{CD}{DI} > \dfrac{CE^2}{IE^2}$。令 $CE = a$，$CI = e$，$CD = d$，则，$DI = d - e$，$\dfrac{d}{d-e} > \dfrac{a^2}{(a-e)^2}$，因此 $de^2 - 2ade > -a^2 e$，除以 e，得 $de - 2ad > -a^2$。现在，如果直线 BO 与曲线相切，则点 B 和点 O 重合，$de - 2ad = -a^2$，e 可以消去，则 $2ad = a^2$，$a = 2d$，即 $CE = 2CD$。

RENATI

DES-CARTES

PRINCIPIA

PHILOSOPHIÆ.

AMSTELODAMI,

APUD LUDOVICUM ELZEVIRIUM,

ANNO CIƆ IƆC XLIV.

Cum Privilegiis.

在笛卡尔的监督下，克劳德·皮科特的《哲学原理》法文译本于 1647 年问世。

非常容易的。但是，要找到最简单
的作图方法还得需要一些技巧。

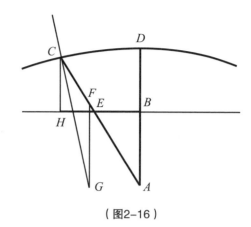

（图2-16）

利用蚌线作出该问题 的图形

比如，在图2-16中，给定
曲线 *CD* 为古人所知的第一类蚌
线。设 *A* 为极点，*BH* 为直尺，则所有交于点 *A* 并包含在曲线 *CD* 和直线 *BH*
之间的线段，如 *CE* 和 *DB* 均相等。求一线段 *CG* ，它与曲线 *CD* 在点 *C* 处
的切线垂直。在寻找 *CG* 与 *BH* 的交点的过程中（根据上文刚讲过的方法），
我们将陷入上文那么长甚至更长的运算之中，而最终作出的图可能非常简
单。因为只需作 *CH* ⊥ *BH* ，并在 *CA* 上取 *CF* = *CH* ，然后过点 *F* ，作
FG ∥ *BA* ，取 *FG* = *EA* ，从而可确定所求线段 *CG* 必经过的点 *G* 。

对用于光学的四类卵形线的说明

为了说明研究这些曲线是有用的，而且它们的一些性质的重要性并不亚
于圆锥曲线的，我在此还将讨论某种卵形线，其在反射光学和折光学的理
论中非常有用。它们可以用以下方式来描绘：在图2-17中，引两条直线 *FA*
和 *AR* ，它们以任一交角交于点 *A* ，在其中一条直线上取任意一点 *F* （其与
A 之间的距离依所作卵形线的大小而定），以点 *F* 为圆心，作一半径长于 *FA* 的

圆，该圆交线段 FA 的延长线于点5[1]。然后作线段56交 AR 于点6，使 A6 的长度小于 A5，且 A6 与 A5 的比值是任意给定的，比如，在折光学中应用卵形线时，此比值度量的是折射的程度[2]。接着，在线段 FA 的延长线上任取一点 G，其与点5在同一侧，使 AF 与 GA 成一给定比值。然后沿着线段 A6 方向作 RA = GA，并以点 G 为圆心，以一条长度等于 R6 的线段为半径作圆。该圆将交第一个圆于点1、1′，所求的第一种卵形线必然经过这两个点。

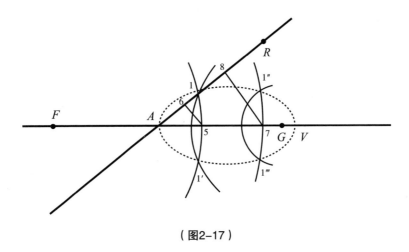

（图2-17）

接下来，以点 F 为圆心，作一半径长于或短于 F5 的圆，比如，该圆交线段 FA 的延长线于点7。接着，作78 // 56，再以 G 为圆心，以一条长度等于 R8 的线段为半径作圆。该圆将交过点7的圆于点1″、1‴，所求卵形线也必然经过这两个点。因此，通过作平行于78的线段，作以点 F 和点 G 为圆心的圆，便可以找到尽可能多的所要求的点。

---

〔1〕显然，这里用阿拉伯数字来表示点可能会给读者带来一些困扰。

〔2〕即折射率。

在作第二种卵形线

（如图2-18）时，唯一

不同的是，我们必须在

A 的另一侧取 $AS = AG$，

用以代替 AR ；而且所作

的以 G 为圆心的圆，与

以点 F 为圆心且经过点5

的圆相交，前者的半径

等于线段 $S6$ ；或，以 G

为圆心的圆，与以点 F

为圆心且经过点7的圆

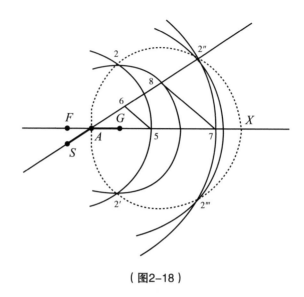

（图2-18）

相交，前者的半径等于线段 $S8$ 。同样地，这些圆相交于点2、2′，或者相交

于点2″、2‴，所求的第二种卵形线 $A2X$ 必然经过这些点。

作第三种（如图2-19）和第四种卵形线（如图2-20）的时候，不再取 AG，

而是取位于点 A 另一侧的线段 AH ，也就是沿线段 FA 的反方向取点 H 。

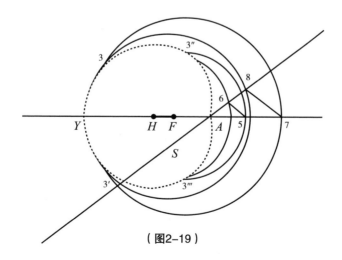

（图2-19）

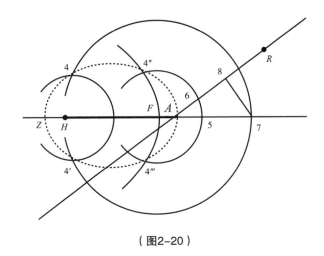

（图2-20）

注意，线段 AH 必须比 AF 长。在这些卵形线中，AF 的长度甚至可以为0，此时 F 和 A 重合。接着，分别取 AR 和 AS 等于 AH。在作第三种卵形线 A3Y 时，以点 H 为圆心，以一长度为 S6 的线段为半径作圆，该圆交以点 F 为圆心且过点5的圆于点3″、3‴；再以点 H 为圆心，以一长度为 S8 的线段为半径作圆，同样地，该圆交以点 F 为圆心且过点7的圆于点3，3′；以此类推。

最后，对于第四种卵形线，分别作以点 H 为圆心，半径为 R6、R8 的圆，交其他圆于点4，4′，或点4″，4‴[1]。

---

[1] 在这四种卵形线中，AF 和 AR，或 AF 和 AS 交于点 A，可成任意角度。若 F 不与点 A 重合，则它与点 A 之间的距离将决定卵形的大小。A5 与 A6 的比值由所用材料的折射率决定。对于卵形线 AF 和 AR，若点 A 不与点 F 重合，且点 A 落在点 F 和点 G 之间，则 AF 与 AG 的比值可以是任何实数。对于卵形线 AF 和 AS，若点 F 不与点 A 重合，且点 F 落在点 A 和点 H 之间，则 AF 与 AG 的比值可以是任何实数。在第一种卵形线中，AR = AG，点 R、6、8落在点 A 的同一侧。在第二种卵形中，AS = AG，点 S 与点6、8在点 A 的对侧。在第三种卵形中，AS = AH，点 S 与点6、8落在点 A 的对侧。在第四种卵形中，AR = AH，点 R、6、8落在点 A 的同侧。

　　这些卵形线还有许多其他方法作出。比如，对于第一种卵形线，AV（假设 FA 和 AG 相等）可以用下述方法描绘：取线段 FG 上的一点 L，使 $FL : LG = A5 : A6$（图2-18中的$A5$、$A6$），也就是说，这一比值对应于折射率的比。然后取 AL 的二分点 K，以点 F 为定点转动直尺 FE，用手指按在绳索 EC 上的点 C 上，此绳系在直尺的端点 E 处，经过 C 拉到 K，返回 C 后再拉到 G，过程中要保持绳的另一端是收紧的。因此，绳索的长度为 $GA + AL + FE - AF$，且点 C 描绘出的就是第一种卵形线，这与《折光》中描绘椭圆与双曲线的方式类似。至此，我不会再对这一话题作更进一步的解释。

　　尽管这些卵形线的性质看似基本相同，但它们的确属于四种不同的类别，每一种又包含无穷多个子类，这些子类又像每一类椭圆和双曲线一样，包含许多不同的类别，而这些子类的划分取决于 $A5$ 和 $A6$ 的比值。于是，当 AF 和 AG 或 AF 和 AH 的比值发生变化时，每一个子类中的卵形线的类别也会发生变化，而 AG 或 AH 的长度决定了该卵形线的大小[1]。

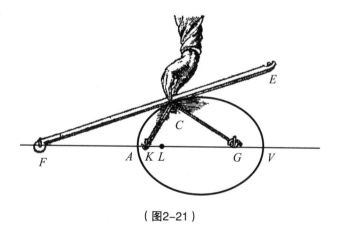

（图2-21）

---

[1]比较椭圆的变化，以及双曲线横轴长度与其焦点之间距离的比例变化。

若 $A5 = A6$，第一种和第三种卵形线就变成了直线；第二种卵形线包含了所有可能的双曲线；第四种卵形线包含了所有可能的椭圆[1]。

卵形线所具有的反射和折射性质

就每一种卵形线而言，有必要进一步考虑其具有不同性质的两个部分。在第一种卵形线中（如图2-22），朝向点 A 的部分使得从 F 出发穿过空气的光线，遇到凸面 $1A1'$ 后，会聚[2]于点 G，根据折光学，该透镜的折射率决定了 $A5$ 与 $A6$ 的比值，而卵形线正是据此描绘出来的。

而朝向 V 的部分，使得所有从 G 发出的光线遇到凹面镜 $1''V1'''$ 后，会聚于点 F，镜子的材质按照 $A5$ 和 $A6$ 的比值降低了这些光线的速率。这是因为在折射光学中已证得，这种情况下反射角将不相等，折射角也是如此，它们可以用相同的方法度量。

现在考虑第二种卵形线。当 $2A2$ 这一部分用作反射时，同样可假定各反

---

[1] 这些定理可证明如下：

（1）已知第一种卵形线，$A5 = A6$，则 $RA = GA$，$FP = F5$，$GP = R6 = AR - R6 = GA - A5 = G5$，因此 $FP + GP = F5 + G5$，即点 P 位于直线 FG 上。

（2）已知第二种卵形线，$A5 = A6$，则 $F2 = F5 = FA + A5$，$G2 = S6 = SA + A6 = SA + A5$，$G2 - F2 = SA - FA = GA - FA = C$。因此，该卵形线为一条双曲线，其焦点为点 F 和点 G，横轴为 $GA - FA$。

第三种卵形线的证明类似于第一种，第四种卵形线的证明类似于第二种。

需要注意的是，第一种卵形线与上一节提到的曲线相同。由于 $FP = F5$，所以，$FP - AF = A5$，$AR = AG$，$GP = R6$，$AG - GP = A6$。若 $A5 : A6 = d : e$，则和之前一样，有 $(FP - AF) : (AG - GP) = d : e$。

[2] 即焦点，来自拉丁语 "focus"，这个词最先被开普勒应用于几何学。

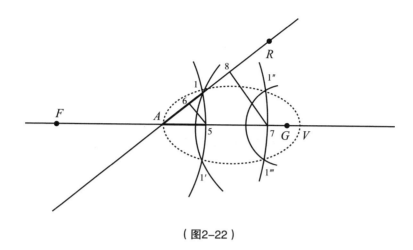

（图2-22）

射角不相等。因为如果该镜子与讨论第一种卵形线时所用的镜子材质相同，那么从点 G 反射出的所有光线看起来都像是从点 F 发射出来的。还需注意的是，如果线段 AG 比 AF 长得多，那么此时镜子的中心处（靠近 A）为凸面，端点处为凹面，因为这样的曲线将是心形而不是卵形的。另一部分2″X2‴适合作折射镜，穿过空气射向 F 的光线会在有此种表面的透镜上发生折射。

第三种卵形线仅用于折射，它使得光线穿过空气射向点 F，穿过形如 3″A3‴，3Y3′ 的表面后在玻璃体内射向点 H，此时 3″A3‴，3Y3′ 除了点 A 处是稍微凹面的以外，其余部分全是凸面的，因此，这一曲线也是心形的。这种卵形线的两个部分的区别是，一部分靠近点 F 而远离 H，另一部分则恰恰相反。

类似地，最后一种卵形线只用于反射。其作用是使所有从点H发出的光线，在遇到前文中提到的相同材质的形如4″A4‴，4Z4′ 的凹面时，经反射会聚于点 F。

在折光学中，点 F、G 和 H 可被称作这些卵形线的"燃火点"，与椭圆和双曲线中的"燃火点"相对应。

我没有提及由这些卵形线引起的其他几种反射和折射，因为它们都只是些相反的或相逆的效应，很容易推导出。

对这些性质的论证

然而，我必然给出已有结论的证明。为此，在第一种卵形线的第一部分上取任一点 C，作线段 CP 与该卵形线在点 C 的切线垂直。这可以利用上文所提到的方法作出，具体如下：

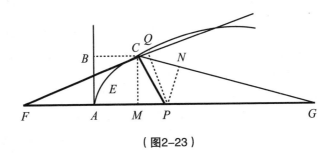

（图2-23）

令 $AG = b$，$AF = c$，$FC = c + z$。用 d 与 e 的比值（该比值总是用以衡量所讨论的透镜的折射能力）表示 $A5$ 与 $A6$ 的比值，或用于表示描绘与该卵形线类似的线段之间的比值，则

$$GC = b - \frac{e}{d}z$$

从而得到

$$AP = \frac{bcd^2 - bcde + bd^2z + ce^2z}{bde + cd^2 + d^2z - e^2z}$$

在图2-23中，从点 P 出发，作 $PQ \perp FC$ ，$PN \perp GC$ [1]。如果 $PQ:PN =$ $d:e$ ，即如果 $PQ:PN$ 等于用于度量凸透镜 AC 的折射能力的线段之间的比值，那么从点 F 射向点 C 的光线一定是在进入玻璃体时发生了折射并射向点 G 。这由折光学的知识便可知道。

现在，我们通过具体计算来证明 $PQ:PN = d:e$ 是否成立。$\text{Rt} \triangle PQF$ 与 $\text{Rt} \triangle CMF$ 相似，由此可得 $CF:CM = FP:PQ$ ，即 $\dfrac{FP \cdot CM}{CF} = PQ$ 。此外，$\text{Rt} \triangle PNG$ 和 $\text{Rt} \triangle CMG$ 相似，可得 $\dfrac{GP \cdot CM}{CG} = PN$ 。又因为对于一个比值来说，当它的分子和分母同时乘以或除以一个数，其比值不变，那么，若 $\dfrac{FP \cdot CM}{CF} : \dfrac{GP \cdot CM}{CG} = d:e$ ，则很容易得到 $(FP \cdot CG):(GP \cdot CF) = d:e$ 。通过作图可知

$$FP = c + \frac{bcd^2 - bcde + bd^2z + ce^2z}{cd^2 + bde - e^2z + d^2z}$$

或

$$FP = \frac{bcd^2 + c^2d^2 + bd^2z + cd^2z}{cd^2 + bde - e^2z + d^2z}$$

且

$$CG = b - \frac{e}{d}z$$

那么

$$FP \cdot CG = \frac{b^2cd^2 + 2bc^2d^2 + b^2d^2z + bcd^2z - bcdez - c^2dez - bdez^2 - cdez^2}{cd^2 + bde - e^2z + d^2z}$$

则

$$GP = b - \frac{bcd^2 - bcde + bd^2z + ce^2z}{cd^2 + bde - e^2z + d^2z}$$

---

[1] 这里，PQ 是入射角的正弦值，PN 为折射角的正弦值。射线 FC 沿 CG 折射。

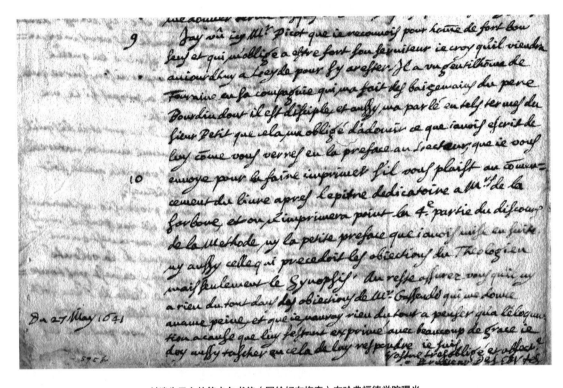

一封遗失已久的笛卡尔书信（写给好友梅森）在哈弗福德学院曝光。

或

$$GP = \frac{b^2de + bcde - be^2z - ce^2z}{cd^2 + bde - e^2z + d^2z}$$

且

$$CF = c + z$$

因此

$$GP \cdot CF = \frac{b^2cde + bc^2de + b^2dez + bcdez - bce^2z - c^2e^2z - be^2z^2 - ce^2z^2}{cd^2 + bde - e^2z + d^2z}$$

这些乘积的第一项除以 d ，等于第二项除以 e ，由此可得 $PQ : PN = $ $(FP \cdot CG) : (GP \cdot CF) = d : e$ ，即为所证。

这一证明只需适当改变一下正负符号，便可用于证明四类卵形线中任一种所具有的反射和折射性质。对于这一部分，读者可以自行探究，这里便不作进一步讨论了[1]。在此，我觉得有必要补充说明一下《折光》的部分知识，具体如下：各种形式的透镜均可使来自同一点的光线，经由它们而会聚于另一点。在这些透镜中，一面为凸一面为凹的透镜，相比两面均凸的透镜，更适合做凸透镜；不过，后者更适合做望远镜。考虑到切割的难度，我只会描述和解释那些我认为具有最大实用价值的透镜。为了解释这部分理

---

[1] 我们可以通过以下方法得到第一种卵形线的方程：

令 $AP = c$ ，$AG = b$ ，$FC = c + z$ ，$GC = b - \dfrac{e}{d}z$ 。令 $CM = x$ ，$AM = y$ ，则有 $FM = c + y$ ，$GM = b - y$ 。作 PC 与曲线垂直于点 C 。令 $AP = v$ ，则可得 $CF^2 = CM^2 + FM^2$ 。又 $c^2 + 2cz + z^2 = x^2 + c^2 + 2cy + y^2$ ，则 $z = -c + \sqrt{x^2 + c^2 + 2cy + y^2}$ 。

又，$CG^2 = CM^2 + GM^2$ ，则 $b^2 - \dfrac{2be}{d}z + \dfrac{e^2}{d^2}z^2 = x^2 + b^2 - 2by + y^2$ 。

将上面得到的 z 的值代入该等式，进行平方和化简，可得

$[(d^2 - e^2)x^2 + (d^2 - e^2)y^2 - 2(e^2c + bd^2)y - 2ec(ec - bd)]^2 = 4e^2(bd + ec)^2(x^2 + c^2 + 2cy + y^2)$ 。

论，我在此描绘一下这种透镜的形状：一面具有所需的凸度或凹度的透镜和两面凸度相同的透镜。所有平行的光线，或来自单个点的光线，穿过前一种透镜后，会聚于同一点；而后一种透镜一表面的凸度和另一表面的凸度成一定比例。

如何按要求制作一透镜，使从某一给定点
发出的所有光线经过透镜表面后会聚于一给定点

在图2-24中，设 G、Y、C 和 F 为已知点，求作一凹透镜，使从 G 发出的或平行于 GA 的光线，经过该凹透镜后，会聚于点 F。令 Y 为该透镜的内表面的中心，C 和 C' 为其边缘，设弦 CMC' 的长度和弧 CYC' 的高已知。首先，我们要确定一种卵形线，其可用作透镜，使得穿过其而朝向 H 的射线（点 H 的位置未知）在离开透镜后会聚于点 F。

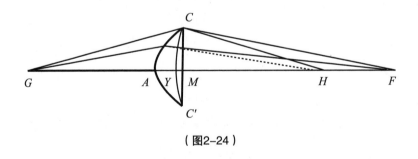

（图2-24）

在这些卵形线中，至少有一种不会让光线经反射或折射而仍不改变方向的。容易看出，使用第三种卵形线上 $3''A3'''$ 或 $3Y3'$ 的部分，或者第二种卵形线上的 $2''X2'''$，可以得到这一特定结果。由于所有这类情形可用同一方法

处理，所以无论对于哪种卵形线，我们都可以取点 Y 为顶点，取点 C 为曲线上一点，取点 F 为一"燃火点"。那么，只剩下另一"燃火点" H 待定。为此，可以确定 $\dfrac{FC-FY}{HC-HY}=\dfrac{d}{e}$ ，即度量透镜折射能力的两线段中较长的一边与较短一边的比值，这一点从描绘这些卵形线的方法中是显而易见的。

由于线段 FY 和 FC 已知，可得二者的差值。再根据这两个差值的比值，可得线段 HY 和 HC 的差值。

其次，由于 YM 已知，可得 MH 和 HC 的差值，从而求得 CM 。接着，要求 Rt $\triangle CMH$ 的一条边 MH 。由于该直角三角形的另一边 CM 已知，斜边 CH 和所求边 MH 的差值已知，易得 MH 如下：

令 $k=CH-MH$ ，$n=CM$ ，则 $\dfrac{n^2}{2k}-\dfrac{1}{2}k=MH$ ，从而可以确定点 H 的位置。

若 $HY>HF$ ，曲线 CYC' 必定为第三类卵形线的第一部分，也就是前文中标记的 $3''A3'''$ 。

假设 $HY<HF$ ，将会出现两种情形。其一，HY 和 HF 的差值与 FY 的比值大于表示折射能力的两条线段中较短的线段 e 和较长的线段 d 的比值，即，若 $HF=c$ ，$HY=c+h$ ，则 $dh>2ce+eh$ 。这种情形中，CYC' 必定是第三种卵形线的第二部分 $3Y3'$ 。

在第二种情形中，$dh \leqslant 2ce+eh$ ，且 CYC' 为第二种卵形线的第二部分 $2''X2'''$ 。

最后，若点 H 和点 F 重合，$FY=FC$ ，则曲线 $C'YC$ 是一个圆。

至此，我们还需确定该透镜的另一个面 CAC' 。若落在该透镜的光线均平行，则将得到一个以点 H 为"燃火点"之一的椭圆，其形状很容易确定。不过，若这些光线从点 G 发出，则该透镜一定是第一种卵形线的第一部分这种形状，其两"燃火点"分别为点 G 和点 H，且该卵形线经过点 C。由于 $\frac{CG-GA}{HA-HC}=\frac{d}{e}$，点 A 可以看作其顶点。若 $CH-HM=k$，$AM=x$，则 $AH-CH=x-k$；若 $GC-GM=g$，则 $GC-GA=g+x$；由于 $\frac{g+x}{x-k}=\frac{d}{e}$，可得 $ge+ex=dx-dk$，或 $AM=x=\frac{ge+dk}{d-e}$，从而可得所求点 A。

如何制作一透镜，既有上述功能，又使一表面的凸度与另一表面的凸度或凹度成给定的比

在图2-25中，假若只有点 G、C 和 F，以及 AM 与 YM 的比值已知，要求确定透镜 ACY 的形状，使得所有从点 G 发出的光线经过透镜后聚于点 F。

对于这种情形，可以利用两种卵形线 AC 和 CY，其"燃火点"分别是点 G、H 和 F、H。要想确定这些点，我们先假设二者共同的"燃火点" H 已知。那么，由上文刚刚提到的方法，便可确定点 G、C、H，从而确定 AM。也就是说，若 $CH-HM=k$，$GC-GM=g$，AC 为第一类卵形线的第一部分，便可得到 $AM=x+\frac{ge+dk}{d-e}$。

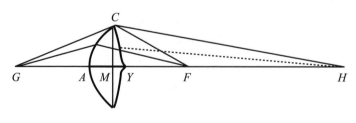

（图2-25）

接着，我们可以利用点 F、C 和 H 求得 MY。若 CY 为第三类卵形线的第一部分，令 $MY = y$，$CF - FM = f$，可得 $CF - FY = f + y$；再令 $CH - HM = k$，可得 $CH - HY = k + y$。现 $\frac{k+y}{f+y} = \frac{e}{d}$，由于该卵形线属于第三类，则

$$MY = \frac{fe - dk}{d - e}$$，因此，$AM + MY = AY = \frac{ge + fe}{d - e}$。也就是说，无论点 H 可能落在哪一边，都有 $\frac{AY}{GC + CF - GF} = \frac{e}{d - e}$，即前者总等于表示透镜折射能力的两条线段中较短的一条 e 与这两条线段差值的比，这就给出了一条非常有趣的定理。

对于要求的线段 AY，必须根据合适的比例分成 AM 和 MY，因为点 M 已知，所以点 A、Y 和 H 也可以通过前文提到的方法找到。我们首先应该确定求得的线段 AM 与 $\frac{ge}{d - e}$ 的大小关系。若 $AM > \frac{ge}{d - e}$，AC 必定为某条第三类卵形线的第一部分；若 $AM < \frac{ge}{d - e}$，则 CY 必定为某条第一类卵形线的第一部分，AC 必定为某条第三类卵形线的第一部分；最后，若 $AM = \frac{ge}{d - e}$，则曲线 AC 和 CY 均为双曲线。

上述两个问题的讨论可以推广到众多其他情形之中，在此我就不推导了，因为它们在折光学中没有实用价值。

我本应该进一步讨论，当透镜的一个表面——它既不是完全平直的，也不是由圆锥截线或圆所构成的——已知时，应该如何确定它的另一个表面，使得从一定点发出的所有光线传送到另一给定点。这一问题并不比我前文刚刚解释过的问题困难，事实上，它可能更加简单，因为所用的方法已经给出。不过，我更想把这一问题留给读者自己去完成，当大家自己独立思考并解出这些问题时，或许能对我前文的证明有更深的理解和发现。

如何将平面曲线的结论推广至三维空间
或曲面上的曲线

在上文的讨论中，我仅考虑了平面曲线，但是这些结论具有普适性，也可应用于三维空间中某物体上的点作规则运动所生成的曲线[1]。具体做法如下：从曲线上的每个点，向两个互相垂直的平面引垂线，这些垂线段的端点的轨迹是两条曲线；这两条曲线上的所有点都可以通过上文所用的方法确定，而所有这些点又可以与这两个平面的交线上的点建立联系；由此，三维曲线上的点就可以完全确定了。

我们甚至可以作一条与该曲线在给定点成直角的直线，即只需在每个与曲线相切的平面上作一条直线，从三维曲线的给定点到该平面引一条垂线，平面上所作直线经过该垂足，再作两个平面，每个平面经过所作的其中一条直线，垂直于该直线所在的平面，这两个平面的交线即为所求。

至此，我觉得我已经给出了曲线的所有必要知识。

---

[1] 这里，笛卡尔暗示了将其理论推广到立体几何的可能性。这一推论使帕伦特、克莱伦特和舒滕深受影响。

第三章 │ 立体与超立体问题的作图

能用于所有问题的作图的曲线——求多个比例中项的例证——方程的性质——方程根的个数——什么是假根——已知一个根，如何将方程的次数降低——如何确定任一给定量是否是根——一个方程有多少真根——如何将假根变成真根，真根变成假根——如何增大或缩小方程的根——如何通过增大真根来缩小假根；或者相反——如何消去方程中的第二项——如何使假根变成真根而不使真根变成假根——如何补足方程中的缺项——如何乘或除一个方程的根——如何消除方程中的分数——如何使方程任一项中的已知量等于任意给定量——真根和假根都可能是实的或虚的——平面问题的三次方程的化简——用含有根的二项式除方程的方法——方程为三次的立体问题——平面问题的四次方程的化简和立体问题——利用化简方法的例证——化简四次以上方程的一般法则——所有化简为三次或四次方程的立体问题的一般作图法则——比例中项的求法——角的三等分——所有立体问题皆可使用上述两种作图方式——表示三次方程的所有根的方法，该方法可推广到所有四次方程的情形——为何立体问题的作图必须使用圆锥曲线，解更复杂的问题需要更复杂的曲线——方程次数不高于六次的所有问题的一般作图法则

伽利略因为支持"日心说"而被送上了宗教法庭。

能用于所有问题的作图的曲线

毋庸置疑，凡是由一种连续运动所形成的轨迹，都可以纳入几何学曲线的范畴，但是这并不意味着，我们可以随机使用在进行给定问题的作图时首先遇到的曲线。我们在求解问题时，应首先选用最简单的曲线，但是这里所说的"最简单"，既不是指这种曲线最容易描绘，也不是指使用这种曲线最容易证明或作出该问题对应的图形，而是指这类曲线最容易确定其所求各量。

求多个比例中项的例证

比如，我认为在前文的示例中，没有更简单的求得任意数目的比例中项的方法了，也没有一种方法的证明比利用前文所用到的工具 XYZ 来描述的曲线更简单明了。因此，在图3-1中，如果要求 YA 和 YE 之间的两个比例中项，只需描绘一个以 YE 为直径、交曲线 AD 于点 D 的圆，而 YD 即为所求的一个比例中项。当我们对 YD 使用工具 XYZ 时，证明过程一下子变得一目了然，这是因为，YA（或 YB）与 YC 的比值等于 YC 与 YD 的比值，又等于 YD 与 YE 的比值。类似地，如果要求 YA 和 YG 之间的四个比例中项，或 YA 和 YN 之间的六个比例中项，只需作一圆 YFG，由其与 AF 的交点便可确定线段 YF 为四个比例中项之一；或作圆 YHN，由其与 AH 的交点便可确定线段 YH 为六个比例中项之一。其余以此类推。

虽然我们可以利用圆锥曲线求得两个比例中项，但这是针对第一类曲

ARTIS ANALYTICAE
PRAXIS,

Ad æquationes Algebraïcas nouâ, expeditâ, & generali
methodo, refoluendas:

TRACTATVS

E pofthumis THOMÆ HARRIOTI Philofophi ac Mathematici ce-
leberrimi fchediafmatis fummâ fide & diligentiâ
defcriptus:

ET
ILLVSTRISSIMO DOMINO
DOM. HENRICO PERCIO,
NORTHVMBRIÆ COMITI,

Qui hæc primò, fub Patronatus & Munificentiæ fuæ aufpicijs
ad proprios vfus elucubrata, in communem Mathematicorum
vtilitatem, denuò reuifenda, defcribenda, & publicanda
mandauit, meritiffimi Honoris ergò
Nuncupatus.

LONDINI
Apud ROBERTVM BARKER, Typographum
Regium: Et Hæred. IO. BILLII.
Anno 1631.

托马斯·哈里奥特《使用分析学》书影。

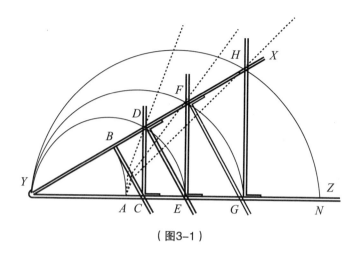

（图3-1）

线来说的，而 *AD* 属于第二类曲线[1]；而且，我们可以使用比 *AF* 和 *AH* 类别低的曲线找到四个或六个比例中项：因此，在几何学上利用以上这些曲线可能是错误的。如果想要使用一类比问题本身所需的曲线更简单的曲线来作图，这也是大错特错的。

方程的性质

在给出避免出现上述错误的方法之前，我先针对方程的性质作出一些一般性论述。一个方程总由若干已知和未知项组成，其中一些项的和等于其余

---

[1] 如果用 x 和 y 表示 a 和 b 之间的两个比例中项，便可得 $a:x=x:y=y:b$，因此，$x^2=ay$，$y^2=bx$，$xy=ab$。由此，我们可以通过确定两条抛物线的交点，或一条抛物线与一条双曲线的交点求出 x 和 y。

项的和，或者所有项的和为0。后者往往是进行问题讨论的最好形式[1]。

方程根的个数

每个方程的根（未知量的值）的个数，可能[2]等于方程中未知量的次数[3]。比如，设 $x = 2$ 或 $x - 2 = 0$，又，$x = 3$ 或 $x - 3 = 0$，将两个方程相乘，得 $x^2 - 5x + 6 = 0$ 或 $x^2 = 5x - 6$。该方程的解为 $x = 2$ 和 $x = 3$。接下来，若将方程 $x - 4 = 0$ 乘以 $x^2 - 5x + 6 = 0$，可得另一个方程 $x^3 - 9x^2 + 26x - 24 = 0$，其中 x 最高为三次，则该方程有三个根，分别为2，3，4。

什么是假根

不过，也经常会出现其中一些根是假的或为负数的情况。因此，若我们设 $x = -5$ 为一假根[4]，则有 $x + 5 = 0$，用该方程乘以 $x^3 - 9x^2 + 26x - 24 = 0$，得 $x^4 - 4x^3 - 19x^2 + 106x - 120 = 0$，则该方程有四个根，分别是三个真根2，3，4，一个假根-5。

---

〔1〕在笛卡尔之前，就已经有数学家发现了这种形式的优势。

〔2〕值得注意的是，这里笛卡尔说的是"可能"，而不是"肯定"，因为他只考虑了实正根。

〔3〕即方程的次数。

〔4〕原文称负数根为假根，并以其绝对值表示，为了不引起误解，在此及后文中改用负数表示假根。

已知一个根，如何将方程的次数降低

由上述讨论可知，具有若干根的方程的各项之和[1]总是可以被一个二项式整除，这个二项式要么是未知量与一真根的差，要么是未知量与一假根（这里为其绝对值）的和。据此[2]，我们可以对方程进行降次。

如何确定任一给定量是否是根

另一方面，若一方程若干项的和不能被由未知量加或减去某些量组成的二项式整除，则这些量就不是该方程的根。因此，上述方程[3] $x^4 - 4x^3 - 19x^2 + 106x - 120$ 可以被 $x-2$，$x-3$，$x-4$，$x+5$ 整除，但不能被 x 与其他数的和或差整除。因此，该方程只能有四个根 $x = 2$，3，4，-5。

一个方程有多少真根

由此，我们也可以确定任一方程的真根和假根的个数，具体方法如

---

〔1〕相当于方程 $f(x)=0$ 中的 $f(x)$。
〔2〕即通过除法运算。
〔3〕即方程式的左边部分。笛卡尔总是拆分方程。

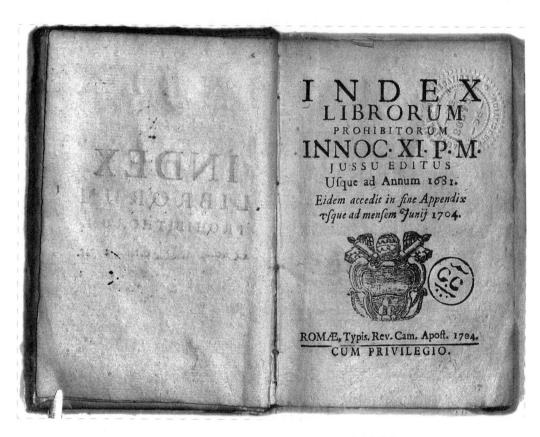

罗马教廷《禁书目录》（笛卡尔的作品曾被列入其中）书影。

下[1]：一个方程所包含的真根的个数，是其包含的由 + 到 - 或由 - 到 +
的符号变化的次数；假根的个数则等于方程中连续出现两个 + 或两个 - 的
次数。

因此，在以上最后一个方程中，由于 $+x^4$ 后是 $-4x^3$，是由 + 到 - 的一次
符号变化，而 $-19x^2$ 后是 $+106x$ ，$+106x$ 后是 -120，又有两次符号变化，因
此可知有三个真根；又由于 $-4x^3$ 后为 $-19x^2$，可知有一个假根。

如何将假根变成真根，真根变成假根

我们很容易将方程变形，使其所有的假根变成真根，所有的真根变成假
根。具体做法是，改变第二项、第四项等偶数项的符号，保留第一项、第三
项、第五项等奇数项的符号。因此，以下方程

$$+x^4 - 4x^3 - 19x^2 + 106x - 120 = 0$$

可以改写成

$$+x^4 + 4x^3 - 19x^2 - 106x - 120 = 0$$

此时，方程有一个真根5，三个假根 -2，-3，-4。

---

〔1〕这就是著名的"笛卡尔符号法则"。然而在笛卡尔时代之前，这一理论就已经众所周知。早在
1631年，英国数学家托马斯·哈里奥特（Thomas Harriot）就在其著作《使用分析学》（*Artis Analyticae
Praxis*）中提出了它。德国数学家康托（G.Cantor）称，笛卡尔可能就是从哈里奥特的作品中了解到这一
理论，但他是第一个将其总结为一般法则的人。

如何增大或缩小方程的根

若一方程的所有根未知，要想将每个根加上或减去某一已知数时，就必须将方程中的未知量用另一个大于或小于已知数的量替换掉。因此，若要将以下方程

$$x^4 + 4x^3 - 19x^2 - 106x - 120 = 0$$

的根增加3，就要用未知量 y 替换 x，并令 $y - 3 = x$，则 $x^2 = (y - 3)^2 = y^2 - 6y + 9$，$x^3 = y^3 - 9y^2 + 27y - 27$，对于 x^4，代之以 $(y - 3)$ 的四次方，即 $y^4 - 12y^3 + 54y^2 - 108y + 81$。

将这些值代入原方程，可得

$$y^4 - 12y^3 + 54y^2 - 108y + 81$$
$$+4y^3 - 36y^2 + 108y - 108$$
$$-19y^2 + 114y - 171$$
$$-106y + 318$$
$$-120$$
$$\overline{\qquad\qquad\qquad\qquad\qquad}$$
$$y^4 - 8y^3 - y^2 + 8y \qquad = 0$$

或

$$y^3 - 8y^2 - y + 8 = 0$$

该方程的真根为8而非5，因为它被增加了3[1]。相反，若要使同一方程

---

[1] 此方程还有一个真根1。

的根减去3，则必须令 $y + 3 = x$，$y^2 + 6y + 9 = x^2$，以此类推。从而原方程

$$x^4 + 4x^3 - 19x^2 - 106x - 120 = 0$$

变为

$$y^4 + 12y^3 + 54y^2 + 108y + 81$$
$$+4y^3 + 36y^2 + 108y + 108$$
$$-19y^2 - 114y - 171$$
$$-106y - 318$$
$$-120$$
$$\overline{\qquad\qquad\qquad}$$
$$y^4 + 16y^3 + 71y^2 - 4y - 420 = 0$$

如何通过增大真根来缩小假根；或者相反

我们可以看到，一个方程的真根的增加量等于假根的减少量[1]，相反，假根的减少量等于真根的增加量；当一真根或假根的减少量等于其自身，则根为0；当减少量大于根（指绝对值）本身，则真根变成假根或假根变成真根。也就是说，若使真根5增加3，它的每个假根就会减少3（指绝对值），即之前的真根4变为1，之前的真根3变为0，之前的假根−2现在变为真根1，因为−2 + 3 = +1。这就解释了为什么方程 $y^3 - 8y^2 - y + 8 = 0$ 只有三个根，其中真根为1，8，假根为−1；而方程 $y^4 + 16y^3 + 71y^2 - 4y - 420 = 0$ 只有一个真根，因为+5 − 3 = +2，其他三个为假根−5，−6，−7。

---

〔1〕指绝对值。

笛卡尔《论灵魂的激情》书影。

如何消去方程中的第二项

于是，这种不用算出方程的解便可变换方程的根的方法，产生了两个非常有用的结论。

其一，我们总能消去第二项。若方程第一项和第二项的符号相反，只要使真根减小一个量即可，该量可由第二项中的已知量除以第一项的次数得到；或者，若这两项的符号相同，可以通过给这一根增加相同的量来达到目的[1]。于是，要消去方程 $y^4 + 16y^3 + 71y^2 - 4y - 420 = 0$的第二项，则用16除以4（第一项中 y 的指数为4），得到商为4。接着，令 $z - 4 = y$，可得

$$z^4 - 16z^3 + 96z^2 - 256z + 256$$
$$+16z^3 - 192z^2 + 768z - 1024$$
$$+71z^2 - 568z + 1136$$
$$-4z + 16$$
$$-420$$
$$\overline{z^4 - 25z^2 - 60z - 36 \qquad = 0}$$

该方程的真根原本为2，现在变为6，因为增加了4；而假根原本为-5，-6，-7，现在变为-1，-2，-3，因为（其绝对值）减少了4。类似地，我们可以消去方程 $x^4 - 2ax^3 + (2a^2 - c^2)x^2 - 2a^3x + a^4 = 0$的第二项，因为 $2a \div 4 = \frac{1}{2}a$，我们必须令 $z + \frac{1}{2}a = x$，则原方程变为

---

[1]根的减小量等于第二项的系数除以 x 的最高次幂的指数。

$$z^4 + 2az^3 + \frac{3}{2}a^2z^2 + \frac{1}{2}a^3z + \frac{1}{16}a^4$$
$$- 2az^3 - 3a^2z^2 - \frac{3}{2}a^3z - \frac{1}{4}a^4$$
$$+ 2a^2z^2 + 2a^3z + \frac{1}{2}a^4$$
$$- c^2z^2 - ac^2z - \frac{1}{4}a^2c^2$$
$$- 2a^3z - a^4$$
$$+ a^4$$

$$z^4 + \left(\frac{1}{2}a^2 - c^2\right)z^2 - (a^3 + ac^2) + \frac{5}{16}a^4 - \frac{1}{4}a^2c^2 = 0$$

如果能求得 z 的值，则 $z + \frac{1}{2}a$ 就是 x 的值。

如何使假根变成真根而不使真根变成假根

其二，当根的增加量大于任一假根[1]，则得到的所有根均为真根。实现这一点后，就不会出现两个连续的正号或负号；进而，第三项中的已知量将大于第二项中已知量的一半的平方。即便假根未知，这一结论也是成立的，因为我们总是可以得到一个近似值，根据此根就可以增加一个大于或等于所求量的量。例如，已知

$$x^6 + nx^5 - 6n^2x^4 + 36n^3x^3 - 216n^4x^2 + 1296n^5x - 7776n^6 = 0$$

---

[1] 指绝对值。

令 $y - 6n = x$ ，可得

$$
\begin{array}{l}
\left.\begin{array}{l} y^6 - 36n \\ \ \ + n \end{array}\right] \left.\begin{array}{l} y^5 + 540n^2 \\ \ \ -30n^2 \\ \ \ -6n^2 \end{array}\right\} \left.\begin{array}{l} y^4 - 4320n^3 \\ \ \ + 360n^3 \\ \ \ + 144n^3 \\ \ \ + 36n^3 \end{array}\right] \left.\begin{array}{l} y^3 + 19440n^4 \\ \ \ - 2160n^4 \\ \ \ - 1296n^4 \\ \ \ - 648n^4 \\ \ \ - 216n^4 \end{array}\right\} \\
\left.\begin{array}{l} y^2 - 46656n^5 \\ \ \ + 6480n^5 \\ \ \ + 5184n^5 \\ \ \ + 3888n^5 \\ \ \ + 2592n^5 \\ \ \ + 1296n^5 \end{array}\right| \left.\begin{array}{l} y + 46656n^6 \\ \ \ - 7776n^6 \\ \ \ - 7776n^6 \\ \ \ - 7776n^6 \\ \ \ - 7776n^6 \\ \ \ - 7776n^6 \\ \ \ - 7776n^6 \end{array}\right\}
\end{array}
$$

$$y^6 - 35ny^5 + 504n^2y^4 - 3780n^3y^3 + 15120n^4y^2 - 27216n^5y = 0$$

显然，第三项中的已知量大于第二项中已知量的一半的平方，即 $504n^2 >$ $\left(\dfrac{35}{2}n\right)^2$ 。并且不会出现这样一种情况，即假根变真根所需要增加的量，大于上述情形所增加的量。

如何补足方程中的缺项

如果我们不需要像上述情况那样使最后一项为0，就必须使根再增大一些，而且增加量不能过小。类似地，如果需要增加一个方程的次数，且让它所有项不为0，比如将 $x^5 - b = 0$ 替换为一个没有零项的六次方程，那么，我们首先要将 $x^5 - b = 0$ 写成 $x^6 - bx = 0$ ，且令 $y - a = x$ ，即可得

$$y^6 - 6ay^5 + 15a^2y^4 - 20a^3y^3 + 15a^4y^2 - (6a^5 + b)\,y + a^6 + ab = 0$$

显然，无论 a 的值有多小，该方程的所有项都必定不为0。

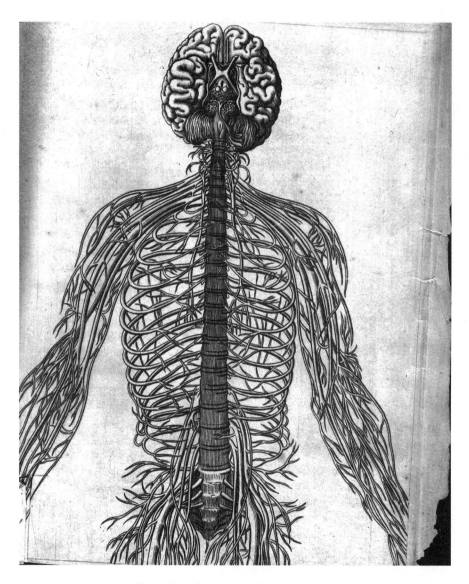

笛卡尔《论人》中的神经系统图（木刻画）。

如何乘或除一个方程的根

我们也可以将方程的所有根乘或除以某一给定量，而不用事先求出其具体值。为此，假设一未知量在乘或除以一给定量之后等于另一未知量。接着，用第二项中的已知量乘或除以这一给定量，用第三项中的已知量乘或除以这一给定量的平方，用第四项中的已知量乘或除以这一给定量的立方，以此类推，直到最后一项。

如何消除方程中的分数

这一方法对于把方程中的分数项化为整数是十分有用的，而且通常[1]用于使各项有理化。因此，若给定 $x^3 - \sqrt{3}x^2 + \frac{26}{27}x - \frac{8}{27\sqrt{3}} = 0$，求一所有项均转化为有理数的方程，则令 $y = \sqrt{3}x$，将第二项乘以 $\sqrt{3}$，第三项乘以3，第四项乘以 $3\sqrt{3}$，得到方程 $y^3 - 3y^2 + \frac{26}{9}y - \frac{8}{9} = 0$。接着，将方程各项化为整数。令 $z = 3y$，将第一项3乘以3，第二项 $\frac{26}{9}$ 乘以9，第三项 $\frac{8}{9}$ 乘以27，得

$$z^3 - 9z^2 + 26z - 24 = 0$$

这个方程的根为2，3，4。因此，前一个方程的根为 $\frac{2}{3}$，1，$\frac{4}{3}$，而第一

---

〔1〕但并非总是如此。

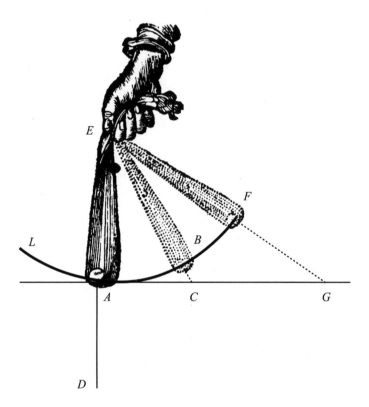

笛卡尔《哲学原理》中关于物体运动的插图。

个方程的根为

$$\frac{2}{9}\sqrt{3} \ , \ \frac{1}{3}\sqrt{3} \ , \ \frac{4}{9}\sqrt{3}$$

如何使方程任一项中的已知量等于任意给定量

以上方法也可用于使任一项中的已知量等于某一给定量。若对于方程

$$x^3 - b^2 x + c^3 = 0$$

要求另一个方程，使它的第三项的系数 b^2 用 $3a^2$ 代替，则令

$$y = x\sqrt{\frac{3a^2}{b^2}}$$

便可得到所求方程

$$y^3 - 3a^2 y + \frac{3a^3 c^3}{b^3}\sqrt{3} = 0$$

真根和假根都可能是实的或虚的

真根和假根并不总是实根，有时它们是虚的[1]。也就是说，虽然对于给定方程，我们总是可以找到数目与未知数次数相同的根[2]，但找到的所有根并不总是有对应的数值。因此，虽然我们知道方程 $x^3 - 6x^2 + 13x - 10 = 0$

---

〔1〕这是个很有意思的结论，它表明真根和假根都有可能是虚根。"虚"的概念也许正是源自于此。
〔2〕这似乎表明，笛卡尔意识到 n 次方程有 n 个根。

有三个根，但其中只有一个根是实根，即2；另外两个根无论我们根据上述的原则如何使其增大，减小，或倍增，它们仍是虚的。

平面问题的三次方程的化简

当针对某个问题作图时，若一个方程中包含三次的未知量[1]，我们就必须采用以下步骤：

首先，若该方程的某些系数为分数，则先通过上文提到的方法将其化为整数[2]；若某些系数为无理数，则同样先通过乘法或其他更简便的方法，尽可能地将其化为有理数。其次，将方程各项按次数由高到低排序，观察最后一项的所有因子，从而确定方程左边的项能否被由某一未知量加或减某个因子所构成的二项式整除。如果可以整除，这个问题就是平面问题，即该问题可通过尺规作图作出，因为二项式中的已知量就是所求的根[3]。或者说，当方程的左边部分可以被该二项式整除时，所得的商就是二次的，便可以利用前面解释过的方法，根据这个商来求出根。

比如，已知 $y^6 - 8y^4 - 124y^2 - 64 = 0$[4]。最后一项64可以被1，2，4，8，16，32和64整除，则我们必须确定方程左边是否能被 $y^2 - 1$ ， $y^2 + 1$ ，

---

〔1〕即三次方程。

〔2〕也就是将方程各项的系数化为整数。

〔3〕这个根刚好满足题中的条件。

〔4〕笛卡尔把这个方程看作关于 y^2 的函数。

y^2-2，y^2+2，y^2-4 等二项式整除。由下式可知，方程可以被 y^2-16 整除

$$+y^6-8y^4-124y^2-64=0$$

$$\underline{-y^6-8y^4\ -4y^2}\Big) -16$$

$$\underline{0\ \ -16y^4-128y^2}$$

$$\underline{-16\ \ -16}$$

$$+y^4+8y^2+4=0$$

用含有根的二项式除方程的方法

从最后一项开始，用 -16 除 -64，得 $+4$，写作商；用 y^2 乘 $+4$，得 $+4y^2$，写作被除数（必须始终使用与乘法得到的符号相反的符号）。用 $-124y^2$ 加 $-4y^2$，得 $-128y^2$；再除以 -16，得 $+8y^2$；再乘以 y^2，得 $-8y^4$；再加 $-8y^4$，得 $-16y^4$；再除以 -16，得 $+y^4$；最后将 $-y^6$ 加 $+y^6$，得 0，即表示该除法除尽。

不过，若有余数，或得到的项不能恰好被16整除，则该二项式显然不是因子[1]。

类似地，已知

$$\left.\begin{array}{l}y^6+a^2\\-2c^2\end{array}\right\}\left.\begin{array}{l}y^4-a^4\\+c^4\end{array}\right\}\left.\begin{array}{l}y^2-a^6\\-2a^4c^2\\-a^2c^4\end{array}\right\}=0$$

---

〔1〕这就是现代"综合除法"的变体，是"余数定理"和"霍纳法则"的基础，早在13世纪，这一方法就在中国开始使用。

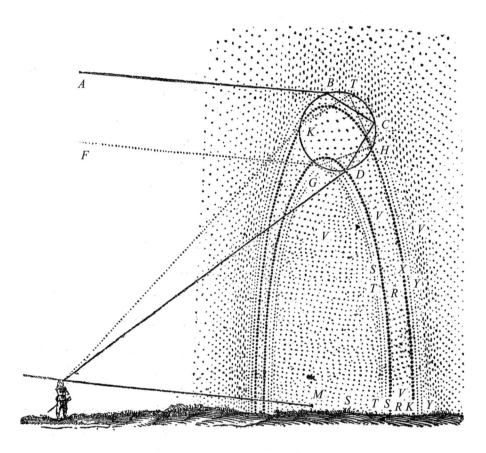

笛卡尔关于彩虹形成的示意图。

其最后一项可以被 a，a^2，$a^2 + c^2$，$a^3 + ac^2$ 等整除，但只需考虑其中两项，即 a，$a^2 + c^2$。而其余的两项将导致比倒数第二项中已知量的次数更高或更低的商，从而使除法无法进行下去[1]。注意，这里我将 y^6 看作是三次的，因为不存在含有 y^5，y^3 或 y 的项。比如，用二项式

$$y^2 - a^2 - c^2 = 0$$

除法运算可按下式进行：

$$
\begin{array}{c}
\left.\begin{array}{l} +y^6 + a^2 \\ \underline{-y^6 - 2c^2} \end{array}\right\} y^4 \quad \left.\begin{array}{l} -a^4 \\ +c^4 \end{array}\right\} y^2 \quad \left.\begin{array}{l} -a^6 \\ -2a^4 c^2 \end{array}\right\} = 0 \\[2ex]
\left.\begin{array}{l} 0 \quad -2a^2 \\ \quad +c^2 \end{array}\right\} y^4 \quad \left.\begin{array}{l} -a^4 \\ -a^2 c^2 \end{array}\right\} y^2 \quad \left.\begin{array}{l} -a^2 c^4 \\ -a^2 - c^2 \end{array}\right\} \\[3ex]
\hline
\quad -a^2 - c^2 \quad\quad -a^2 - c^2 \\[2ex]
\hline
\left.\begin{array}{l} +y^4 \quad +2a^2 \\ \quad\quad -c^2 \end{array}\right\} y^2 \quad \left.\begin{array}{l} +a^4 \\ +a^2 c^2 \end{array}\right\} = 0
\end{array}
$$

它表明，$a^2 + c^2$ 是所求的根，这一点很容易通过乘法验证。

方程为三次的立体问题

但是，如果找不到可以被二项式整除的方程，那么获得这一方程的原问题必定是立体问题[2]。这时候，如果试图只用圆和直线来实现这一立体问题的作图——就像只用圆来作圆锥曲线一样——就是大错特错的。因为无

---

〔1〕这不是一个通用法则。

〔2〕也就是说，它对应的是一条三次或更高次的曲线。

知本身就是一种错误。

平面问题的四次方程的化简和立体问题

再则，已知一个方程中的未知量的最高次为四次[1]，在消去不尽根和分数后，查看是否存在一个二项式，即它不仅包含表达式最后一项的因子，而且能除尽方程左边的部分。如果能找到这样一个二项式，那么，该二项式中的已知量要么为所求的根，要么在进行除法运算后，它所得到的方程只是三次的；当然，我们仍然使用上述同样的方法来处理。如果找不到这样的二项式，则需要用前文所讲的方法来增大或减小方程的根，以消去第二项，进而将方程降为三次方程，具体方法如下，即将方程

$$x^4 \pm px^2 \pm qx \pm r = 0$$

写作

$$y^6 \pm 2py^4 + (p^2 \pm 4r)\, y^2 - q^2 = 0$$

对于上式中的正负符号的取法，如果第一个表达式中用的是 $+p$，则第二个表达式中用 $+2p$；如果第一个式子中用的是 $-p$，则第二个式子中用 $-2p$。反之，如果第一个式子中用的是 $+r$，则第二个式子中用 $-4r$；如果第一个式子中用的是 $-r$，则第二个式子中用 $+4r$。不过，如果 x^4 和 y^6 前的符号均为正，那么无论第一个式子中用的是 $+q$ 还是 $-q$，第二个式子我们都用 $-q^2$ 和 $+p^2$；否则就用 $+q^2$ 和 $-p^2$。比如，已知方程

---

[1] 这是一个四次方程。

$$x^4 - 4x^2 - 8x + 35 = 0$$

可以转化为

$$y^6 - 8y^4 - 124y^2 - 64 = 0$$

由于 $p = -4$，可以将 $2py^4$ 替换为 $-8y^4$；由于 $r = 35$，可以将 $(p^2 - 4r) y^2$ 替换为 $(16 - 140) y^2$ 或 $-124y^2$；由于 $q = 8$，可以将 $-q^2$ 替换为 -64。

类似地，方程

$$x^4 - 17x^2 - 20x - 6 = 0$$

可以写作

$$y^6 - 34y^4 + 313y^2 - 400 = 0$$

因为 $34 = 17 \times 2$，$313 = 17^2 + 6 \times 4$，$400 = 20^2$。

同理，方程

$$+z^4 + \left(\frac{1}{2}a^2 - c^2\right) z^2 - \left(a^3 + ac^2\right) z - \frac{5}{16}a^4 - \frac{1}{4}a^2c^2 = 0$$

可以写作

$$y^6 + \left(a^2 - 2c^2\right) y^4 + \left(c^4 - a^4\right) y^2 - a^6 - 2a^4c^2 - a^2c^2 = 0$$

因为 $p = \frac{1}{2}a^2 - c^2$，$p^2 = \frac{1}{4}a^4 - a^2c^2 + c^4$，$4r = -\frac{5}{4}a^4 + a^2c^2$。最后，$-q^2 = -a^6 - 2a^4c^2 - a^2c^4$。

当该方程被降到三次时，y^2 的值便可以通过前文所述的方法求得。如果无法求得 y^2 的值，那么该方程再解下去也是无用的，因为接下来将不可避免地出现立体问题。不过，如果可以求得 y^2 的值，那么我们便可将之前的方程分解为两个二次方程，这两个方程的根即为原方程的根。比如，对于方程

$$x^4 \pm px^2 \pm qx \pm r = 0$$

可以写作两个方程

$$+x^2 - yx + \frac{1}{2}y^2 \pm \frac{1}{2}p \pm \frac{q}{2y} = 0$$

和

$$+x^2 + yx + \frac{1}{2}y^2 \pm \frac{1}{2}p \pm \frac{q}{2y} = 0$$

对于上式中的符号，当第一个式子中用的是 $+p$ 时，后面两个式子中均用 $+\frac{1}{2}p$；当第一个式子中用的是 $-p$ 时，后面两个式子中均用 $-\frac{1}{2}p$。当第一个式子中用的是 $+q$ 时，对于后面两个式子，如果有 $-yx$，则用 $+\frac{q}{2y}$；如果有 $+yx$，则用 $-\frac{q}{2y}$。当第一个式子中用的是 $-q$ 时，则恰恰相反。接着，很容易求得方程的所有根，进而利用圆和直线作出此解对应的问题的图形。比如，我们将方程 $x^4 - 17x^2 - 20x - 6 = 0$ 替换为 $y^6 - 34y^4 + 313y^2 - 400 = 0$，可以求出 $y^2 = 16$；接着，将原方程 $+x^4 - 17x^2 - 20x - 6 = 0$ 替换为两个方程，即 $x^2 - 4x - 3 = 0$ 与 $x^2 + 4x + 2 = 0$。

由于 $y = 4$，$\frac{1}{2}y^2 = 8$，$p = 17$，$q = 20$，可得

$$+\frac{1}{2}y^2 - \frac{1}{2}p - \frac{q}{2y} = -3$$

与

$$+\frac{1}{2}y^2 - \frac{1}{2}p + \frac{q}{2y} = +2$$

得到了这两个方程的根，我们也就得到了包含 x^4 的原方程的根，即一个真根 $\sqrt{7}+2$，三个假根 $2-\sqrt{7}$，$-2-\sqrt{2}$，$\sqrt{2}-2$。又，已知 $x^4 - 4x^2 - 8x + 35 = 0$，则有 $y^6 - 8y^4 - 124y^2 - 64 = 0$，且由于后者的根为16，便可以化为两个方程，分别为 $x^2 - 4x + 5 = 0$ 与 $x^2 + 4x + 7 = 0$。这种情况下，可得

$$+\frac{1}{2}y^2 - \frac{1}{2}p - \frac{q}{2y} = 5$$

与

$$+\frac{1}{2}y^2 - \frac{1}{2}p - \frac{q}{2y} = 7$$

这两个方程既没有真根也没有假根，由此可知，原方程的四个根均为虚根，

并且与方程的解相关的问题是平面问题，但是不可能作出相应的图形，因为已知量之间无法建立关系[1]。

类似地，对于前面提到的方程

$$z^4 + \left(\frac{1}{2}a^2 - c^2 \right) z^2 - \left(a^3 + ac^2 \right) z - \frac{5}{16}a^4 - \frac{1}{4}a^2c^2 = 0$$

由于 $y^2 = a^2 + c^2$，则该方程可以写作

$$z^2 - \sqrt{a^2 + c^2}\, z + \frac{3}{4}a^2 - \frac{1}{2}a\sqrt{a^2 + c^2} = 0$$

与

$$z^2 + \sqrt{a^2 + c^2}\, z + \frac{3}{4}a^2 + \frac{1}{2}a\sqrt{a^2 + c^2} = 0$$

由于 $y = \sqrt{a^2 + c^2}$，$+\frac{1}{2}y^2 + \frac{1}{2}p = \frac{3}{4}a^2$，$\frac{q}{2y} = \frac{1}{2}a\sqrt{a^2 + c^2}$，则有

$$z = \frac{1}{2}\sqrt{a^2 + c^2} + \sqrt{-\frac{1}{2}a^2 + \frac{1}{4}c^2 + \frac{1}{2}a\sqrt{a^2 + c^2}}$$

或

$$z = \frac{1}{2}\sqrt{a^2 + c^2} - \sqrt{-\frac{1}{2}a^2 + \frac{1}{4}c^2 + \frac{1}{2}a\sqrt{a^2 + c^2}}$$

又由于 $z + \frac{1}{2}a = x$，所以在完成了上面所有这些运算之后，可以得到 x 的值为

$$+\frac{1}{2}a + \sqrt{\frac{1}{4}a^2 + \frac{1}{4}c^2} - \sqrt{\frac{1}{4}c^2 - \frac{1}{2}a^2 + \frac{1}{2}a\sqrt{a^2 + c^2}}$$

---

〔1〕这里指的是，在同一个问题中，已知量不能相关联。

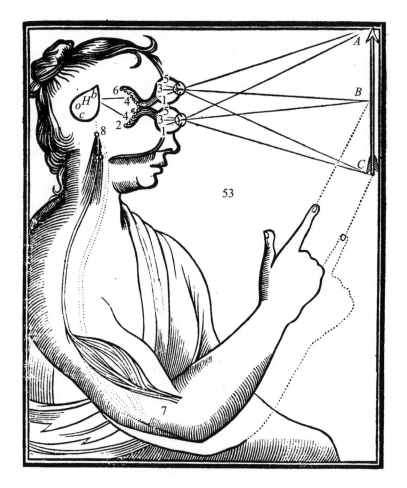

笛卡尔关于人的感知系统与手臂运动关系的示意图。

利用化简方法的例证

为了加深读者对以上法则的理解，我将用它来解决一个实际问题。在图3-2中，已知正方形 *ABDC* 和线段 *BN*，要求延长正方形的边 *AC* 至点 *E*，使得位于 *EB* 上从点 *E* 出发的 *EF* 等于 *NB*。

帕普斯表示，如果延长 *BD* 至点 *G*，使 *DG = DN*，且以 *BG* 为直径作一圆，则线段 *AC*（的延长线）与圆周的交点即为所求点[1]。

不了解这一作图方法的人不太可能会发现这一点。如果他们使用这里所提到的方法，他们绝不会想到将 *DG* 作为未知量，而会选择将 *CF* 或 *FD* 作为未知量，因为用这两个量更容易导出方程式。这样一来，他们就会得到一个如果不用我前文提到的法则就很难解出来的方程。

比如，令 *BD = a* 或 *CD = a*，*EF = c*，*DF = x*，

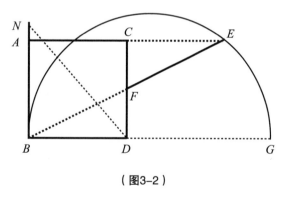

（图3-2）

---

〔1〕为此，帕普斯作了详细的证明：

点 *E* 在线段 *AC* 的延长线上，*EG* 垂直于 *BE*，垂足为 *E*，*EG* 交线段 *BD* 的延长线于点 *G*，点 *F* 是 *BE* 和 *CD* 的交点，则 $CD^2 + FE^2 = DG^2$。

由题可知，$DN^2 = BD^2 + BN^2$；又，$CD^2 + FE^2 = DG^2$。通过作图可知，*BD = CD*，*DG = DN*，因此，*FE = BN*。

则 $CF = a - x$ 。由于 $CF : FE = FD : BF$ ，即 $\dfrac{a-x}{c} = \dfrac{x}{BF}$ ，则 $BF = \dfrac{cx}{a-x}$ 。

在 Rt$\triangle BDF$ 中，两条直角边的平方之和 $x^2 + a^2$ 等于斜边的平方，而斜边的平

方为 $\dfrac{c^2 x^2}{x^2 - 2ax + a^2}$ ，则可得

$$x^2 + a^2 = \frac{c^2 x^2}{x^2 - 2ax + a^2}$$

从而可得方程

$$x^4 - 2ax^3 + 2a^2 x^2 - 2a^3 x + a^4 = c^2 x^2$$

或

$$x^4 - 2ax^3 + (2a^2 - c^2) x^2 - 2a^3 x + a^4 = 0$$

根据前文所述法则可知，该方程的根，即线段 DF 的长度为

$$\frac{1}{2}a + \sqrt{\frac{1}{4}a^2 + \frac{1}{4}c^2} - \sqrt{\frac{1}{4}c^2 - \frac{1}{2}a^2 + \frac{1}{2}a\sqrt{a^2 + c^2}}$$

另一方面，如果将 BF 、CE 或 BE 看作未知量，也可以得到一个四次方程，但这个方程解起来要容易得多，得到它也很简单[1]。

如果利用线段 DG ，那么得出方程会比较困难，但求解比较容易。我讲这些只是为了提醒大家，当所求问题不是立体问题时，如果用一种方法求解时需要构造一个很复杂的方程，那么一般情况下，必定能够找到另一种方法，而且据此可以构造一个简单得多的方程。

我本应再讲几种不同的求解三次或四次方程的法则，但这在我看来实属多余，毕竟利用我前文给出的法则已足以完成所有平面曲线问题的作图。

---

[1] 如果以 BF 为未知量，得到的方程为 $x^4 + 2ax^3 + (2a^2 - c) x^2 - 2a^3 x + a^4 = 0$。

化简四次以上方程的一般法则

我倒是还想讲讲五次、六次以及更高次方程的求解方法，不过我喜欢把这些情况归为一类，并给出如下一般法则：

试着将给定方程化为两个较低次方程的乘积，乘积的次数与原方程相同。如果你尝试了所有方法都无法化成这样的形式，则可以确定，这一给定方程已是最简形式。这时，如果该方程是三次或四次的，那么依赖于该方程的问题就是立体问题；如果该方程是五次或六次的，则问题的复杂性又增高一级，以此类推。此处我略去了论述的大部分证明过程，因为这些证明对我而言过于简单。如果你能系统地理解这些论述，自然就会厘清其中的证明思路，那么由此学习这部分内容，比我把证明直接列出来要有意义得多。

所有化简为三次或四次方程的立体问题的
一般作图法则

在知道了所求问题是立体问题之后，无论问题所依赖的方程是四次的还是三次的，其根都可以利用三种圆锥曲线的一种，或者只是某一种的一部分（无论是多么小的一段）加上圆和直线求得。在此，我想给出一种利用抛物线求方程全部根的一般法则，因为从某种程度上来说，抛物线是一种最简单的圆锥曲线。

首先，当所求方程中的第二项不为0时，先消去第二项。如果给定方程是三次的，则可以化为 $z^3 = \pm apz \pm a^2q$ 的形式。如果给定方程是四次的，则可以化为 $z^4 = \pm apz^2 \pm a^2qz \pm a^3r$ 的形式。当选取 a 为单位元时，前者可以写作 $z^3 = \pm pz \pm q$，后者可以写作 $z^4 = \pm pz^2 \pm qz \pm r$。在图3-2中，假设抛物线 FAG 已画好，并令 $ACDKL$ 为轴，AC 为正焦弦（点 C 位于抛物线内），$2AC$ 等于 1 或 a，点 A 为顶点。作 $CD = \frac{1}{2}p$，当方程中包含 $+p$ 时，点 D 和点 A 位于点 C 的同侧（如图3-4）；当方程中包含 $-p$ 时，点 D 和点 A 位于点 C 的两侧（如图3-3）。

接下来，如果给定方程是三次的，即 $r = 0$，则在点 D 处（或点 C，若 $p = 0$，如图3-5）作 $DE \perp CD$，使 $DE = \frac{1}{2}q$，且以点 E 为圆心、AE 为半径

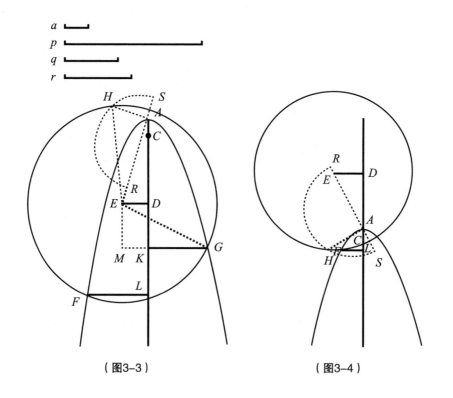

（图3-3） （图3-4）

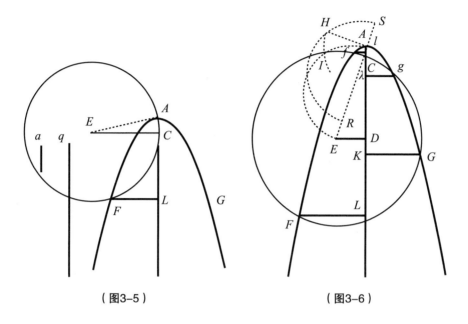

（图3-5）　　　　　　　　　（图3-6）

作圆 *FG* 。

　　如果该方程包含 +*r* ，则沿 *AE* 方向作 *AR* = *r* ，沿 *AE* 的反方向作 *AS* 等于抛物线的焦半径，即 *AS* = 1 ，再以 *RS* 为直径作圆。如果作 *AH* ⊥ *AE* ，则 *AE* 将交圆 *RHS* 于点 *H* ，而另一圆 *FHG* 必经过点 *H* 。

　　如果该方程包含 −*r* ，则以 *AE* 为直径作圆，在该圆内作一条线段 *AI* = *AH*[1] ，则第一个圆必定经过点 *I* （如图3-6）。

　　现在，圆 *FG* 可能与该抛物线相切或相交于1个、2个、3个或4个点。如果从这些点向轴线引垂线，则这些垂线段便为所求方程的根，包含真根和假

────────────────────

　　〔1〕也就是作一条弦等于 *AH* 。

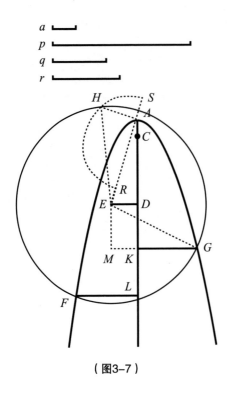

（图3-7）

根。在图3-7中，如果 q 的符号为正，则真根将是那些与圆心 E 同在抛物线一侧的垂线段，比如 FL；而其他垂线段均为假根，比如 GK。如果 q 的符号为负，真根将是那些与圆心 E 在抛物线中不同侧的垂线段，而假根或负根[1]将是那些与 E 同侧的垂线段。如果该圆与抛物线既不相切又不相交，则表示该方程既没有真根，也没有假根，所有根都是虚根[2]。

这一法则的一般性和完整性是显而易见的，其证明也很容易。如果用 z 表示所作线段 GK，则 GK 为 AK 和正焦弦（其长为1）之间的比例中项。那么，当从 AK 中减去 AC （或 $\frac{1}{2}$）及 CD（或 $\frac{1}{2}p$），则所余 DK 或 EM 就等于 $z^2 - \frac{1}{2}p - \frac{1}{2}$，其平方为

$$z^4 - pz^2 - z^2 + \frac{1}{4}p^2 + \frac{1}{2}p + \frac{1}{4}$$

---

〔1〕即在抛物线轴线的同一侧。

〔2〕值得注意的是，笛卡尔将有一个零根的四次方程看作三次方程。因此，圆总是和抛物线在顶点处相切，并且二者一定会在另一点相切，因为三次方程必须有一个实根。此外，该圆可能会也可能不会和抛物线在另外两点相切。它们可能有两个切点在顶点处重合，在这种情况下，方程简化为二次方程。

又因为 $DE = KM = \frac{1}{2}q$ ，则 $GM = z + \frac{1}{2}q$ ， $GM^2 = z^2 + qz + \frac{1}{4}q^2$ 。将以上这两个平方相加，可得 $z^4 - pz + qz + \frac{1}{4}q^2 + \frac{1}{4}p^2 + \frac{1}{2}p + \frac{1}{4}$ 。这就是 GE 的平方，因为 GE 是 Rt$\triangle EMG$ 的斜边。

但是， GE 又是圆 FG 的半径，因此它可以用另一种方式表示。由于 $ED = \frac{1}{2}q$ ， $AD = \frac{1}{2}p + \frac{1}{2}$ ， $\angle ADE = 90°$ ，可得

$$EA = \sqrt{\frac{1}{4}q^2 + \frac{1}{4}p^2 + \frac{1}{2}p + \frac{1}{4}}$$

因此，由于 HA 是 AS（$AS = 1$）与 AR（$AR = r$）之间的比例中项，则 $HA = \sqrt{r}$ 。又因为 $\angle EAH = 90°$ ，则 HE 或 EG 的平方为

$$\frac{1}{4}q^2 + \frac{1}{4}p^2 + \frac{1}{2}p + \frac{1}{4} + r$$

由这个表达式和上文中所得到的表达式，可以导出一个方程。该方程形如 $z^4 = pz^2 - qz + r$ ，因此可以证得，线段 GK ，即 z 为该方程的根。如果要将此方法用于其他情况，只需适当变化一下符号，无须我在此进一步描述，你便可以领会这一方法的实用性。

比例中项的求法

举个例子，我们可以利用该方法求出线段 a 和 q 之间的两个比例中项。显然，如果用 z 表示其中一个比例项，便可以得到 $a : z = z : \frac{z^2}{a} = \frac{z^2}{a} : \frac{z^3}{a^2}$ 。由此，我们可以得到一个表示

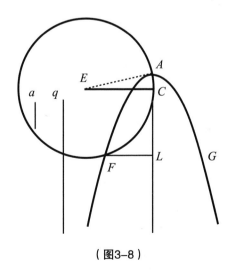

（图3-8）

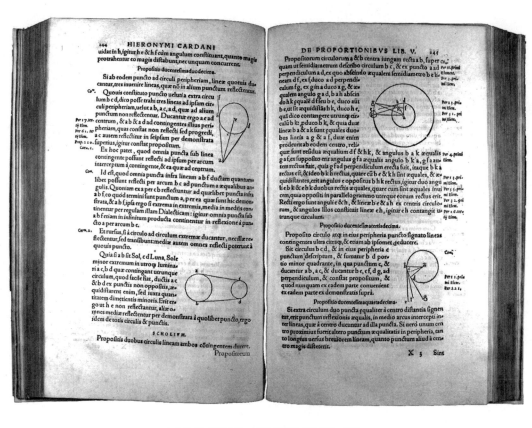

卡尔达诺《论运动、重量等的数字比例》书影。

q 与 $\dfrac{z^3}{a^2}$ 之间关系的方程，即 $z^3 = a^2 q$。

在图3–8中，作抛物线 FAG，使其轴与 AC 共线，AC 等于 $\dfrac{1}{2}a$，即等于正焦弦的一半。然后作 $CE = \dfrac{1}{2}q$，CE 垂直 AC 于点 C，以点 E 为圆心，过点 A 作圆 AF，则 FL 和 LA 即为所求的比例中项[1]。

角的三等分

再举一个例子，假设要求将角 NOP 三等分，或者说，将圆弧 $NQTP$ 三等分。在图3–9中，设圆的半径 $NO = 1$，给定圆弧对应的弦 $NP = q$，三分之一给定圆弧的弦 $NQ = z$，

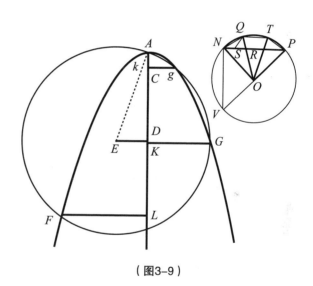

（图3–9）

---

[1] 证明如下所示：

作 $FM \perp EC$，令 $FL = z$。根据抛物线的性质，$FL^2 = a \cdot AL$，$AL = \dfrac{z^2}{a}$，$EC^2 + CA^2 = EA^2$，$EM^2 + FM^2 = EF^2$，$EA^2 = \dfrac{q^2}{4} + \dfrac{a^2}{4}$，$EM^2 = (EC - FL)^2 = (\dfrac{1}{2}q - z)^2$，$FM^2 = CL^2 = (AL - AC)^2 = \left(\dfrac{z^2}{a} - \dfrac{a}{2}\right)^2$，$EF^2 = \dfrac{q^2}{4} - qz + z^2 + \dfrac{z^4}{a^2} - z^2 + \dfrac{a^2}{4}$。但 $EF = EA$，故有 $\dfrac{q^2}{4} + \dfrac{a^2}{4} = \dfrac{q^2}{4} - qz + \dfrac{a^2}{4} + \dfrac{z^4}{a^2}$

因此 $z^3 = a^2 q$。

则得到的方程为 $z^3 = 3z - q$。证明如下：作线段 NQ、OQ、OT，并作 $QS \parallel TO$，可得 $\dfrac{NO}{NQ} = \dfrac{NQ}{QR} = \dfrac{QR}{RS}$。由于 $NO = 1$，$NQ = z$，则 $QR = z^2$，$RS = z^3$。又由于 $NP - RS = 3NQ$，可得 $q = 3z - z^3$ 或 $z^3 = 3z - q$[1]。

作抛物线 FAG，使得长度为正焦弦一半的 CA 等于 $\dfrac{1}{2}$。取 $CD = \dfrac{3}{2}$，垂线段 $DE = \dfrac{1}{2}q$，以 E 为圆心，过点 A 作圆 $FAgG$。除点 A 外，该圆与抛物线相交于点 F、g、G，这三个点位于顶点 A 的两侧。这表明，给定方程有三个根，即两个真根 GK 和 gk，一个假根 FL[2]。两个真根中较小的 gk 必定与已知线段 NQ 相等，而另一个真根 GK 应等于三分之一圆弧 VNP 所对应的弦 NV。圆弧 NVP 与圆弧 NQP 构成了圆；假根 FL（指其绝对值）等于 QN 与 NV 之和，这是非常容易证明的[3]。

---

〔1〕$\angle NOQ$ 对应弧 NQ，$\angle QNS$ 对应弧 QP 的一半或弧 NQ，$\angle SQR = \angle QOT$，对应弧 QT 或弧 NQ，所以，$\angle OQN = \angle NQR = \angle QSR$。所以，$NO:NQ = NQ:QR = QR:RS$，$QR = z^2$，$RS = z^3$。设 OT 交 NP 于点 M，则 $NP = 2NR + MR = 2NQ + MR = 2NQ + MS - RS = 2NQ + QT - RS = 3NQ - RS$，即 $q = 3z - z^3$。

〔2〕G 和 g 在轴的同侧，G 和 F 在轴的异侧。

〔3〕令 $AB = b$，$EB = MR = mk = NL = c$，$AK = t$，$Ak = s$，$AL = r$，$KG = y$，$kg = z$，$FL = v$，则有 $GM = y + c$，$gm = z + c$，$FN = v - c$，$GK^2 = a \cdot AK$，$at = y^2$，$t = \dfrac{y^2}{a}$，$gk^2 = a \cdot Ak$，$as = z^2$，$s = \dfrac{z^2}{a}$，$FL^2 = a \cdot AL$，$ar = v^2$，$r = \dfrac{v^2}{a}$，$ME = AB - AK = b - \dfrac{y^2}{a}$，

$ME = b - \dfrac{y^2}{a}$，$EN = \dfrac{v^2}{a} - b$，$EG^2 = EM^2 + MG^2$

$EA^2 = AB^2 + BE^2$

$EG^2 = b^2 - \dfrac{2by^2}{a} + \dfrac{y^4}{a^2} + y^2 + 2cy + c^2$

$2ab = \dfrac{y^3 + 2a^2c + a^2y}{y}$，$2ab = \dfrac{z^3 + 2a^2c + a^2z}{z}$（接下页注释）

所有立体问题皆可使用上述两种作图方式

至此，没有必要列举更多例子了，因为所有的立体问题的作图都不必用到这条法则，除了要求两个比例中项或三等分一个角。大家只需注意到以下几点，上述结论就会一目了然：这些问题中最难的类型都可以用三次或四次方程来表示；所有四次方程都可以利用不超过三次的方程化简为二次方程；所有三次方程中的第二项都可以消去。所以，每个方程都可以化为以下形式的一种：

$$z^3 = -pz + q \ , \ z^3 = +pz + q \ , \ z^3 = +pz - q \ 。$$

如果我们得到的是 $z^3 = -pz + q$，根据被卡尔达诺归于西皮奥·费雷乌斯（Scipio Ferreus）名下的一条法则，可以求出其根为

$$\sqrt[3]{\frac{1}{2}q + \sqrt{\frac{1}{4}q^2 + \frac{1}{27}p^3}} - \sqrt[3]{-\frac{1}{2}q + \sqrt{\frac{1}{4}q^2 + \frac{1}{27}p^3}}$$

类似地，如果我们得到的是 $z^3 = +pz + q$，其中最后一项的一半的平方大

（接上页注释）$\dfrac{y^3 + 2a^2c + a^2y}{y} = \dfrac{z^3 + 2a^2c + a^2z}{z}$

$2a^2c = z^2y + zy^2$

类似地

$2a^2c = v^2y - vy^2$

$z^2y + zy^2 = v^2y - vy^2$, $v^2 - z^2 = vy + zy$

$v - z = y$, $v = y + z$, $FL = KG + kg$

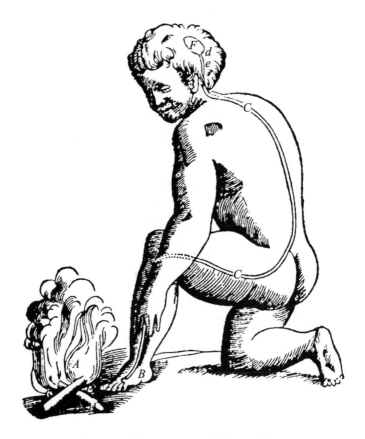

笛卡尔关于人体对外部事件的机械反应示意图。

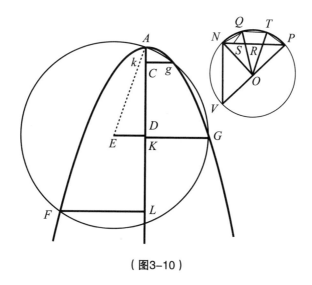

（图3-10）

于倒数第二项的系数的三分之一的立方，则可以根据对应的法则求出根为

$$\sqrt[3]{\frac{1}{2}q+\sqrt{\frac{1}{4}q^2-\frac{1}{27}p^3}}+\sqrt[3]{\frac{1}{2}q-\sqrt{\frac{1}{4}q^2-\frac{1}{27}p^3}}$$

显然，如果由某一问题构建的方程可以简化为以上两种形式中的一种，那么除了求某些已知量的立方根，在作对应的图时就无须用到圆锥曲线，而求立方根就相当于求量与单位之间的两个比例中项。再则，如果得到的是 $z^3 = + pz + q$，其中最后一项的一半的平方不大于倒数第二项的系数的三分之一的三次方，则作圆 $NQPV$（如图3-10），使其半径 $NO = \sqrt{\frac{1}{3}p}$，NO 即单位元和已知量 p 的三分之一之间的比例中项。再取 $NP = \frac{3q}{p}$，即

$\frac{NP}{q} = \frac{1}{\frac{1}{3}p}$，其中 q 为另一已知量，并在圆内作 NP。将弧 NQP 与弧 NVP 分别分成三等份，所求的根即为 NQ 与 NV 之和，其中 NQ 为第一条弧的三分

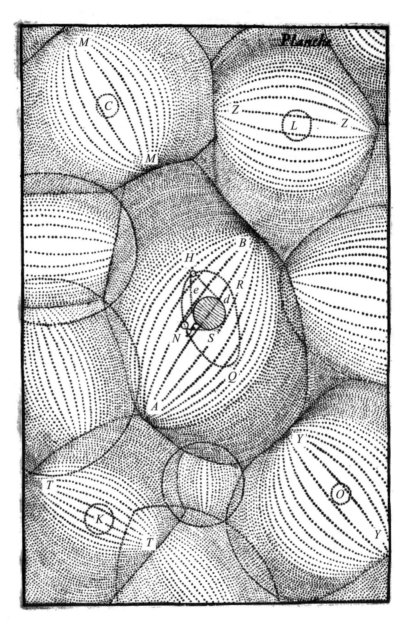

笛卡尔关于星系的分析示意图。

之一所对应的弦，NV 为第二条弧的三分之一所对应的弦[1]。

最后，假设得到的是 $z^3 = pz - q$。作圆 $NQPV$，其半径 $NO = \sqrt{\frac{1}{3}p}$，并在该圆内取 $NP = \frac{3q}{p}$。那么，NQ 和 NV 即为所求的两个根，其中 NQ 为圆弧 NQP 的三分之一所对应的弦，NV 为另一个圆弧的三分之一所对应的弦。但是，最后一项的一半的平方大于倒数第二项系数的三分之一的立方的情况除外[2]，因为在这种情况下，NP 的长度大于直径，所以无法在圆内画出。此时，两个真根成了虚根，唯一的实根就是之前提到的假根，根据卡尔达诺法则可知，该实根为

$$\sqrt[3]{\frac{1}{2}q + \sqrt{\frac{1}{4}q^2 - \frac{1}{27}p^3}} + \sqrt[3]{\frac{1}{2}q - \sqrt{\frac{1}{4}q^2 - \frac{1}{27}p^3}}$$

表示三次方程的所有根的方法，该方法
可推广到所有四次方程的情形

此外，需要特别说明的是，如果弧的三等分点已知，那么相对于利用根与已知特定立体图形的边的关系来表示根，利用根与特定弧对应的弦（或圆的一部分）的关系来表示根[3]则简单明了得多。而且，对于用卡尔达诺的方

---

〔1〕值得注意的是，方程 $z^3 = pz - q$ 可以通过转换为根的符号与之相反的方程，也就是 $z^3 = pz + q$ 而得到。那么，$z^3 = pz - q$ 的真根就是 $z^3 = pz + q$ 的假根，反之亦然。因此，$FL = NQ + NV$ 现在是真根。

〔2〕这就是不可约情形。

〔3〕这里笛卡尔使用了几何概念来求一已知量的立方根。

法无法求解的三次方程，用此处给出的方法求解比用其他方法要简单得多。

比如，对于方程 $z^3 = -qz + p$ ，我们可以认为它的一个根是已知的，因为我们知道它是两条线段的和，其中一条为一立方体的边，该立方体的体积为 $\frac{1}{2}q$ 加上面积为 $\frac{1}{4}q^2 - \frac{1}{27}p^3$ 的正方形的边；另一条为另一个立方体的边，该立方体的体积为 $\frac{1}{2}q$ 减去一正方形的边，该正方形的面积为 $\frac{1}{4}q^2 - \frac{1}{27}p^3$ 。这就是卡尔达诺法所提供的有关根的情况。毫无疑问，当方程 $z^3 = +qz - p$ 的根的值被看作是半径为 $\sqrt{\frac{p}{3}}$ 的圆内的一条弦——这条弦所对的弧为长度为 $\frac{3q}{p}$ 的弦所对的弧的三分之一——的长度时，我们就能清楚地算出它。

事实上，这些术语比其他说法更加简单，而且如果用一些特殊符号来讨论这些弦[1]，表述则会更加简练，比如用 $\sqrt[3]{C}$ 表示一立方体的边。

利用与上文类似的方法，我们可以表示出任一四次方程的根，但我认为没有必要作进一步的拓展。由于四次方程的特殊性质，其根既不可能用更简单的术语来表示，也不可能由任一更简单更普遍的图形构造出来。

为何立体问题的作图必须使用圆锥曲线，
解更复杂的问题需要更复杂的曲线

虽然我并未给出那些关于我认为什么是可能的、什么是不可能的依据，

---

[1]这是笛卡尔时期正在走向符号化的另一个标志，但这一建议从未被采纳。

但是只要记住我所用的方法是将所有几何问题简化为一类，即寻找问题所对应的方程的根，那么，我们显然可以列出所有寻找方程的根的方法，并很容易证明我们的方法是最简单可行的。正如我之前所说的那样，作立体问题的图时，一定会用到比圆更复杂的曲线。这一结论源自一个事实，即所有的立体问题的图形都可以归为两种情况，一是求两条给定线段之间的两个比例中项，二是求将一给定弧三等分的两个点。又因为一个圆的曲率仅取决于圆心和圆周上所有点的关系，所以圆仅可用于确定两个端点之间的一个点，比如，求两条给定线段之间的一个比例中项，或求能平分一给定弧的点；另一方面，由于圆锥曲线的曲率总是取决于两个不同的量[1]，所以圆锥曲线可用于确定两个不同的点。

出于类似的原因，对于涉及四次以上方程，或涉及四个比例中项，或涉及将一个角五等分的问题，仅使用一种圆锥曲线是不可能作出其对应的图形的。

因此我认为，当我利用由抛物线和直线的交点所描绘的曲线来作所求问题的图形，并把它作为一个普遍的法则时，我就已经能够解决所有可能的问题。因为在我看来，再也没有一种性质更加简单的曲线能够做到这一点。你们也看到了，在古人投入大量心血的那个问题中，这种曲线紧随圆锥曲线之后，并在解决这类问题时，依次提出了所有应被纳入几何学的曲线。

---

〔1〕比如，任一点与两焦点之间的距离。

方程次数不高于六次的所有问题的
一般作图法则

在寻找作这些问题所对应的图所需的量时，你就会知道为什么一个方程总是可以化为次数不超过六次或七次的形式；你也会知道如何通过增加一个方程的根来使所有的根都为真根，而且第三项的系数不超过第二项系数的一半的平方。此外，如果方程不超过五次，那么它总是可以化为一个不缺项的六次方程。

现在，为了利用上述单一的法则来解决所有这些问题，我将考虑之前用到的所有方法，将方程化为如下形式：

$$y^6 - py^5 + qy^4 - ry^3 + sy^2 - ty + u = 0$$

其中，$q > \left(\dfrac{r}{2p}\right)^2$。

在图3-11中，作线段 BK，向两边无限延长，作 $AB \perp BK$ 于 B，$AB = \dfrac{1}{2}p$。在另一平面上[1]，作抛物线 CDF，其正焦弦为

$$\sqrt{\dfrac{t}{\sqrt{u}} + q - \dfrac{1}{4}p^2}$$

我们用 n 表示它。

现将抛物线所在的平面放到画有线段 AB 和 BK 所在的平面上，使抛物

---

[1] 这里不是指在一个与第一个平面相交的固定平面上，而是指在另一张纸上。

线的轴 DE 与 BK 共线。取一点 E，使 $DE = \dfrac{2\sqrt{u}}{pn}$，并放置一把直尺连接点 E 和更低平面上的点 A。保持这些点始终在直尺上，且抛物线的轴始终与 BK 共线，然后上下滑动抛物线。那么，抛物线与直尺的交点 C 将形成曲线 ACN，它可用于作所求问题对应的图形。

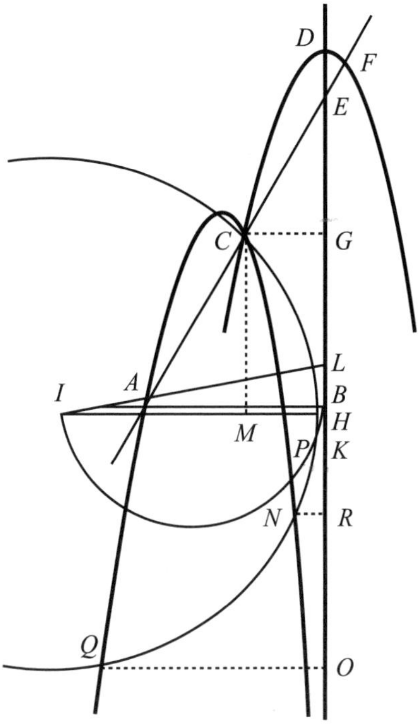

作出这些曲线后，在线段 BK 上取一点 L，使 $BL = DE = \dfrac{2\sqrt{u}}{pn}$，线段 BK 位于该抛物线的凹侧；接着，沿 HB 方向作 LH，使 $LH = \dfrac{t}{2n\sqrt{u}}$，再在曲线 CAN 同侧取点 I，作 $HI \perp LH$ 于 H，其中 HI 等于

$$\frac{r}{2n^2} + \frac{\sqrt{u}}{n^2} + \frac{pt}{4n^2\sqrt{u}}$$

（图3-11）

为了更简洁，设上式等于 $\dfrac{m}{n^2}$。连接点 L 和点 I，以 LI 为直径作圆 LPI；然后在该圆内作线段 LP，使 $LP = \sqrt{\dfrac{s + p\sqrt{u}}{n^2}}$；最后，以 I 为圆心，过点 P 作圆 CPN，该圆与曲线 ACN 的交点的个数即为该方程的根的数量。因此，由这些交点向 BK 所引的垂线段 CG、NR、QO 等，均为所求的根。这一方法适用于所有情况。

因为，如果 s 与 p、q、r、t、u 的比值过大，以至于 LP 大于该圆的直

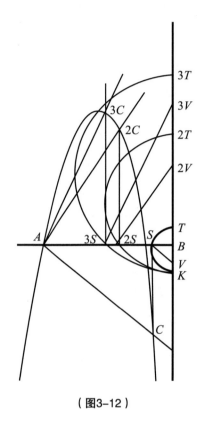

（图3-12）

径 LI[1]，使得 LP 无法画出，又或者圆 IP[2] 太小而不与 ACN 交于任一点，则所求方程的所有根都是虚根。一般地，圆 IP 会与曲线 ACN 交于六个不同的点，因此该方程有六个不同的根[3]。不过，如果二者相交的点小于六个，则说明该方程的某些根相等或是虚根。

当然，如果你觉得利用移动抛物线来画曲线 ACN 的方法太麻烦，那么还有许多其他方法可供选择。在图3-12中，我们可以像上文那样取定线段 AB、BL，并使 BK 等于该抛物线的焦半径，然后作半圆 KST，其圆心落在线段 BK 上，且该半圆交 AB 于点 S。再从半圆的一个端点 T 出发，沿 TK 方向取 $TK = BL$，连接点 S 和点 V。过点 A 作 $AC \parallel SV$，过点 S 作 $SC \parallel BK$，那么，AC 和 SC 的交点 C 为所求曲线上的一点。通过这种方法，我们可以找到所有所需曲线上的点。

这个方法的证明过程非常简单。置直尺 AE 和抛物线 FD 双双经过点 C，

---

〔1〕即直径为 t 的圆 IPL。

〔2〕即圆 CPN。

〔3〕决定这些根的点一定是圆与所得曲线的主分支的交点，比如分支 ACN。

这一步总是可以做到的，因为点 C 位于曲线 ACN 上，而后者正是抛物线和直尺的交点所描绘出来的。若令 $CG = y$，则 $GD = \dfrac{y^2}{n}$，因为正焦弦 n 与 CG 之比等于 CG 与 GD 之比。于是，$DE = \dfrac{2\sqrt{u}}{pn}$，从 GD 中减去 DE，得 $GE = \dfrac{y^2}{n} - \dfrac{2\sqrt{u}}{pn}$。由于 $AB : BE = CG : GE$，$AB = \dfrac{1}{2}p$，则 $BE = \dfrac{py}{2n} - \dfrac{\sqrt{u}}{yn}$。

在图3–13中，现令线段 SC 与线段 AC 交于点 C，其中 $SC /\!/ BK$，$AC /\!/ SV$，令 $SB = CG = y$，$BK = n$，其中 BK 为抛物线的正焦弦。因为 $KB : BS = BS : BT$，则 $BT = \dfrac{y^2}{n}$；又因为 $TV = BL = \dfrac{2\sqrt{u}}{pn}$，便可得 $BV = \dfrac{y^2}{n} - \dfrac{2\sqrt{u}}{pn}$。同样地，$SB : BV = AB : BE$，

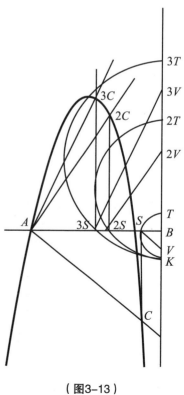

和上述一样，$BE = \dfrac{py}{2n} - \dfrac{\sqrt{u}}{yn}$。显然，用两种方法得到的曲线是相同的。

此外，由 $BL = DE$ 可得，$DL = BE$；又因为 $LH = \dfrac{t}{2n\sqrt{u}}$，且 $DL = \dfrac{py}{2n} - \dfrac{\sqrt{u}}{ny}$，则

$$DH = LH + DL = \dfrac{py}{2n} - \dfrac{\sqrt{u}}{ny} + \dfrac{t}{2n\sqrt{u}}。$$

又因为 $GD = \dfrac{y^2}{n}$，则

$$GH = DH - GD = \dfrac{py}{2n} - \dfrac{\sqrt{u}}{ny} + \dfrac{t}{2n\sqrt{u}} - \dfrac{y^2}{n}$$

也可以写作

$$GH = \dfrac{-y^3 + \dfrac{1}{2}py^2 + \dfrac{ty}{2\sqrt{u}} - \sqrt{u}}{ny}$$

（图3–13）

则 GH 的平方等于

$$\frac{y^6 - py^5 + \left(\frac{1}{4}p^2 - \frac{t}{\sqrt{u}}\right)y^4 + \left(2\sqrt{u} + \frac{pt}{2\sqrt{u}}\right)y^3 + \left(\frac{t^2}{4u} - p\sqrt{u}\right)y^2 - ty + u}{n^2 y^2}$$

在图3-14中，无论取曲线上的哪一点作点 C，也无论它是趋向于点 N 还是点 Q，点 H 与从点 C 出发向 GH 所引的垂线段的垂足之间的线段 GH 的平方，总是可以用与上述相同的项和连接符号表示出来。

又因为 $IH = \frac{m}{n^2}$，$LH = \frac{t}{2n\sqrt{u}}$，则有

$$IL = \sqrt{\frac{m^2}{n^4} + \frac{t^2}{4n^2 u}}$$

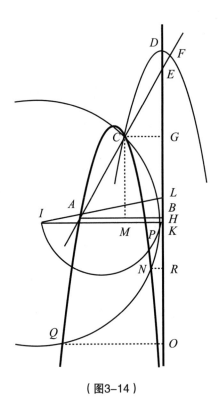

（图3-14）

由于 $\angle IHL = 90°$，且

$$LP = \sqrt{\frac{s}{n^2} + \frac{p\sqrt{u}}{n^2}}$$

且 $\angle IPL = 90°$，则

$$IC = IP = \sqrt{\frac{m^2}{n^4} + \frac{t^2}{4n^2 u} - \frac{s}{n^2} - \frac{p\sqrt{u}}{n^2}}$$

现作 $CM \perp IH$，且

$$IM = HI - HM = HI - CG = \frac{m}{n^2} - y$$

可得 $IM^2 = \frac{m^2}{n^4} - \frac{2my}{n^2} + y^2$。

又 $CM^2 = IC^2 - IM^2$，即

$$\frac{t^2}{4n^2 u} - \frac{s}{n^2} - \frac{p\sqrt{u}}{n^2} + \frac{2my}{n^2} - y^2$$

由前文可知，$CM^2 = GH^2$，它可以写作

$$\frac{-n^2 y^4 + 2my^3 - p\sqrt{u}y^2 - sy^2 + \frac{t^2}{4u}y^2}{n^2 y^2}$$

现令

$$\frac{t}{\sqrt{u}}y^4 + qy^4 - \frac{1}{4}p^2y^4 = n^2y^4$$

且

$$ry^3 + 2\sqrt{u}\,y^3 + \frac{pt}{2\sqrt{u}}y^3 = 2my^3$$

将两式同乘以 n^2y^2 ，可得

$$y^6 - py^5 + \left(\frac{1}{4}p^2 - \frac{t}{\sqrt{u}}\right)y^4 + \left(2\sqrt{u} + \frac{pt}{2\sqrt{u}}\right)y^3 + \left(\frac{t^2}{4u} - p\sqrt{u}\right)y^2 - ty + u$$

$$= \left(\frac{1}{4}p^2 - q - \frac{t}{\sqrt{u}}\right)y^4 + \left(r + 2\sqrt{u} + \frac{pt}{2\sqrt{u}}\right)y^3 + \left(\frac{t^2}{4u} - s - p\sqrt{u}\right)y^2$$

即 $y^6 - py^5 + qy^4 - ry^3 + sy^2 - ty + u = 0$ 。显然，线段 CG 、NR 、QO 等均为该方程的根。

如果要找到线段 a 与线段 b 之间的四个比例中项，令 x 为所求的第一个比例中项，则方程为 $x^5 - a^4b = 0$ 或 $x^6 - a^4bx = 0$。令 $y - a = x$ ，则有

$$y^6 - 6ay^5 + 15a^2y^4 - 20a^3y^3 + 15a^4y^2 - (6a^5 + a^4b)\,y + a^6 + a^5b = 0$$

因此，必须取 $AB = 3a$ ，抛物线的正焦弦 BK 必须等于

$$\sqrt{\frac{6a^3 + a^2b}{\sqrt{a^2 + ab}} + 6a^2}$$

用 n 来表示上式，则 DE 或 BL 将为

$$\frac{3a}{3n}\sqrt{a^2 + ab}$$

再作出曲线 ACN ，可得

$$LH = \frac{6a^3 + a^2b}{2n\sqrt{a^2 + ab}}$$

$$HI = \frac{10a^3}{n^2} + \frac{a^2}{n^2}\sqrt{a^2 + ab\frac{18a^4 + 3a^3b}{2n^2\sqrt{a^2 + ab}}}$$

$$LP = \frac{a}{n}\sqrt{15a^2 + 6a\sqrt{a^2 + ab}}$$

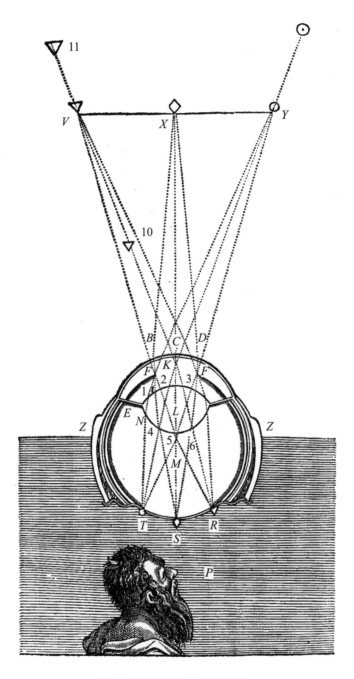

笛卡尔绘制的视网膜上倒像示意图。

以点 I 为圆心的圆将经过点 P ，且交该曲线于点 C 和点 N 。如果作垂线段 NR 和 CG ，从较长的线段 CG 中减去较短的线段 NR ，则差值为 x ，也就是第一个所求的比例中项[1]。

这一方法也适用于将一个角五等分，或作圆内接十一边形或十三边形，以及其他诸多问题。不过需要注意的是，在许多这类问题中，可能会出现圆与第二类抛物线的夹角太过模糊[2]而无法准确确定交点的情形。在这种情形下，此种作图法就失去了实际价值[3]。不过，我们可以制定一些类似的其他法则来解决这类问题，这不会太难。

但我并不想写一本大部头的书。我用尽可能简短的语言来阐述一切，或许你可以从我的行文中看出这一点。当我竭力将所有同类问题都化归为单一的作图时，我便给出了将这些问题转化为无数多种情形的方法，同时就同一问题给出了无数种不同的解决方法：我通过圆与直线相交作出了所有平面问题对应的图形，通过圆与抛物线相交作出了所有立体问题对应的图形；最后，我通过圆与比抛物线高一次的曲线相交，作出了所有未知量次数大于三次的问题对应的图形。也就是说，我们只需利用这一通用方法，便可作出更加复杂的图形。鉴于数学方面的进步，只要给出第二、第三种情形的做法，其余的就很容易解决。

我希望后世能给予这本书以客观仁厚的评价，不仅仅针对书中的内容，还包括我在文中有意省略的部分——那是我为了让大家享受发现的乐趣。

---

〔1〕上面关于 y 的方程的两个根为 NR 和 CG 。但我们知道，a 是该方程的一个根，因此，稍短的 NR 必定是 a ，CG 必定是 y 。那么，$x = y - a = CG - NR$ ，即为第一个所求的比例中项。

〔2〕指夹角太小。

〔3〕当有六个正实根时尤为明显。

附录一　谈谈方法

印有笛卡尔头像的法国纸币。

《谈谈方法》的起源与发展

　　笛卡尔从未打算出版《谈谈方法》一类的书，他原本计划履行对"巴黎的朋友"的承诺，将自己多年来的自然科学研究成果记录成书，命名为《世界》。因此，《谈谈方法》以及与其一同出版的论文，实为《世界》的替代品，而这些内容本应更全面、更连贯、更"科学"。笛卡尔称《谈谈方法》及相关论文不过是他的方法运用的"例子"。《谈谈方法》出版前几个月，他在给梅森的一封信中说到，《谈谈方法》仅仅谈论了自己新的哲学方法及其形成过程，而并未作任何深刻的阐释和分析。他写道："它不是'论述方法'而是'谈谈方法'，即'关于方法的序言或声明'，也就是说，我只是谈谈它而已，并不打算教授方法。"正如让－巴普蒂斯特·莫兰在1638年2月22日写给笛卡尔的一封信中所指出的那样，这让"巴黎的朋友"大失所望，因为他们无法深入了解他的物理学原理。

　　人们可以将笛卡尔在1619年经历的梦境视为推动其愿景形成的决定性因素，这促使他去寻找关于自然的新发现。他本可以通过刻苦钻研前人的相关成果来实现这一愿景，但他在《谈谈方法》中明确指出，这并非正确的策略。不仅因为他见识过许多不可靠的古代哲学和差强人意的（亚里士多德式）世界体系，而且，正如他常在作品和信件中坦言的那样，阅读别人的作品使他厌倦。他去世时，书房（不是很大）几乎被朋友的赠书填满。他向许多人表达过自己对"卷帙浩繁"的厌恶，并请他们推荐一些凝练的作品。他在未发表的《私人想法》（*Cogitationes privatae*）中写道："对大多数作品来说，我们只需读上寥寥数句，大略看些图表，就能会意文意。至于剩下的内容，只是为了填满纸张而已。"此外，还有一个更加严肃的理由，使笛卡尔拒绝将积累他人观点作为探寻真理的途径。虽然他没有直接引用那句当下流行的格言——"柏拉图是我的朋友，苏格拉底是我的朋友，但真理是更好的朋友"（下文将详述）——但他间接地提出了这个原因。他在《探求真理的指导原则》中指出，"如果我们阅读了柏拉图和亚里士多德的所有作品以后，却无法就手头问题作出可靠判断，那么，我们定不会成为哲学家"。笛卡尔一贯推崇"理性之光"为最好的向导，但他后来最终认识到"名气"在哲学领域的重要性。1640年9月30日，他伤感地向梅森坦言，决定在未来借用他人的权威支持自己的论点，因为"真理本身几乎不被尊重"。

整个17世纪20年代，笛卡尔一直在研究几何学和光学，不过似乎直到1635年，他才最终完成了这些作品（以及气象学专著）。早在1628年，笛卡尔计划筹备一篇名为《我的心灵史》的自传体文章（后来，部分内容与《谈谈方法》系列文章合并）。同年3月30日，盖兹·德·巴尔扎克[1]写信给他说："所有朋友都'热切'地期待着它……希望能了解你选择的道路，以及你在'探寻'事物真理中取得的进展。"这篇自传似乎计划用方言[2]写作。伽利略于1632年发表的备受争议的《关于两个世界系统的对话》也是一部方言作品，尽管笛卡尔不喜欢阅读，但他肯定熟读了这部作品。另一部方言作品是蒙田的《随笔集》，蒙田是笛卡尔所熟知的作家，但笛卡尔在所有作品中仅提过他一次。与笛卡尔一样，这位16世纪的作家是一位受过法律培训的闲

---

〔1〕盖兹·德·巴尔扎克（Guez de Balzac, 1597—1654年），法国著名的文学家、文艺批评家，法兰西学院第一任院士之一。

〔2〕译者注：法语。

逸绅士，他进行了广泛而深入的思考（包括对自身经历的评述），并特意以非正式口吻将其记录下来。

《谈谈方法》第一章写于笛卡尔在巴黎时期，这一时期可能正是后来巴尔扎克所描述的笛卡尔思想形成的时期。《谈谈方法》第四章论证了自我与上帝的存在，可能与第一章写于同一时期或稍晚的时期。17世纪30年代早期的各类信件详述了该作品的进展。在1630年4月15日写给梅森的信中，笛卡尔提到了一篇关于形而上学的论述，这篇论述似乎是伴随《世界》这一宏大的宇宙叙事作品而来的，他在巴黎期间就开始构思这部作品。1632年4月5日，笛卡尔写信给梅森说："坦白讲，我在复活节时答应你的论述已经基本完成，但数月内我暂时不想发表，我想作些修改润色，并增加一些必要的图表。不过我一向认为这是件麻烦事，你也知道，我不是制图员，对于自己不能有所收获的内容，总是马马虎虎。若你怪我经常不守承诺，请允许我解释。我之所以推迟记录自己所知的点滴，仅仅是因为我希望学到更多、可以为作品增添更多。譬如我现在手头上的工作，在概述了行星、天体和地球之后，我本不打算讨论地球上的特定物质，只想论述其不同性质。然而，现在我进一步增添了关于其实体形式的内容，试图指出及时发现它们的方法，并通过实验与观察支持我的论证。这就是最近我暂停写作的原因，我进行了各类试验，探索发现油、烈酒或乙醇、普通水、酸、盐等物质之间的本质区别。"

1632年6月，他再次写信给巴黎最亲密的朋友：

"我现在在德文特。我决定在《折光》彻底完稿前都留在这儿。在过去的一个月里，我一直在思考是否要在《世界》中论述动物的形成。最后，我决定放弃，因为这会花费我太多时间。我已经完成了计划中所有关于无生命物体的论述，现在只需补充一些关于人的本质的内容。"

这席话表明了笛卡尔对其方法的自信。他在考虑提出关于动物形成的新论述的时候，显然没有参考亚里士多德的论述或年代更近的帕多瓦自然哲学家法布里齐乌斯（Fabricius ab Aquapendente，1533—1619年）的作品。

1632年底，他透露了更多进展：

"《世界》中关于人的论述将比我预计的更多，因为我准备解释人体的全部主要功能。我已详述了许多重要功能，比如食物的消化、脉搏、营养分布和五感，等等，现在我又在解剖不同动物的头部……我阅读了你此前向我提起的《心血运动论》[1]，我发现我的观点与其存在一些矛盾，不过我是在完成该话题的论述后才阅读了这本书。"

我们可以从这些（以及其他）书信推断，直到1633年初，《世界》的大部分章节仍是草稿，至于《谈谈方法》，似乎只有第二章和第三章没有以草稿或其他形式写成。笛卡尔的朋友和崇拜者们请求他充分阐释其新哲学，他无疑在这一点上取得了喜人的进展。1633年7月22日，他再次写道："我的论述基本完成，但仍需更正和绘图，不过，我无须引入任何新内容了。在写作过程中，我遇到了许多棘手的问题，倘若三年多前我没有承诺今年年底将这部作品邮寄给你，我根本不可能完成它。但我很想信守诺言。"

因为《世界》的第一部分（《论光》）和第二部分（《论人》）的手稿在笛卡尔众多论文中留存下来，我们才得以知道其大部分论述是以何种形式展开的。其中，第一章首先讨论了一般感知、火发出的光与热、硬度和流动性、真空和不可感知性，以及元素的数量，随后转向描述笛卡尔想象中的平

---

[1] 原书名为 *On the movement of the heart*，威廉姆·哈维著。

行新世界。第二章是上帝强加于自然的规律，它规范了所有自然事物。后续章节叙述了太阳、恒星、行星、彗星、月亮和地球，并讨论了重力和光，解释了地球运动所引起的潮汐。《论人》将人体比作一台机器，对血液运动、动物精神、感官、饥饿和口渴、消化、大脑及其功能进行论述。因此，笛卡尔在《谈谈方法》第五章的论述是相当忠实的。值得注意的是，这一章略去了对潮汐的讨论，因为它是基于日心说这一假设的。这可以归为笛卡尔对伽利略事件的反应，这一事件导致了欧洲天主教教会和"科学"团体之间的关系危机。如果我们回到17世纪初期，旁观1616年笛卡尔的朋友兼导师梅森如何处理这场危机的早期征兆，便可窥见1633年伽利略事件在法国和意大利的影响。

然而，到了1637年4月，梅森和其他人还在敦促笛卡尔完成这部作品，信中又称之为"物理学"。直到同年6月8日，这本书才在荷兰莱顿匿名出版。此外，虽然在有关数学和光学的通信中，笛卡尔习惯使用拉丁语进行讨论，但他决定将其思想自传与1637年的作品合并，这可能促使他最终选择使用法语完成整部作品。

笛卡尔并没有为其作品限制单一的读者群体，他的作品明确面向其"科学"与哲学同侪，以及或多或少受过良好教育且对当时的思想生活感兴趣的男女。他们包括专业人士、法律及法院官员、外科医生、商人，以及他们的妻女，还包括其他能够接触到法语出版物的知识分子。出版社等机构向这些读者推广"科学"作品，如梅森1634年发表的《新问题》和查尔斯·索雷尔（1599—1674年）于同年出版的《物质科学》（*La Science des choses corporelles*）。《谈谈方法》关于"理智"及其平均分布的著名开场白有力地暗示了笛卡尔接下来的论述可以被所有人理解。但是文中题为《几何》的引言明确了其读者的二重性："迄今为止，我一直试图让每个人都能理解我的思想。但是，这篇论文恐怕只能被那些熟悉书中相关知识的人所理解。鉴于这些知识包含了大量已充分证实的真理，而我认为重复它们实在多余，所以并没有再度进行论述。"从这句话和《谈谈方法》开篇"每个人天生拥有同等的正确判断与分辨是非的能力"的主张中，我们可以推断，笛卡尔认为只要拥有相关知识，每个人都可以理解他这本书的内容。但显然事实并非如此，正如他在第五章中所述："同类动物之间存在的差异与人类中存在的差异一样多，而有些动物比其他动物更容易训练。"他对数学同侪的苛刻评价似乎也是基于他们与自己的智力差距。

内容概要

第一章和第二章：理性自传

盖兹·德·巴尔扎克曾在写给笛卡尔的信中敦促笛卡尔记录其"心灵故事"。从奥古斯丁的《忏悔录》到蒙田的《随笔集》，其中都有关于作者自身经历的章节，笛卡尔及其同时代的人可能已经意识到这种叙事体的存在。笛卡尔的自传在许多方面都是创新的。这部异常理性的自传，描述了笛卡尔坚定的宗教信仰，但主要还是关于他的哲学思想。若我们还记得笛卡尔在《沉思录》中对思考的广泛定义，即怀疑、理解、肯定、否定、愿意、抗拒、想象、拥有感官知觉，我们就能理解为什么他选择通过概述他的精神生活来刻画自我思想发展。他将这本自传称为故事或寓言，随后否认自己在试图灌输任何生活教义。在这方面，他与蒙田相似，后者也坚称自己不是在教学，而是单纯地讲述。但二人都建议人们可以读一读此类文章，以了解自己在生活中应当规避的问题。笛卡尔承认，他希望从公众对他作品的反应中学到一些东西，就如同古希腊画家阿佩利斯藏在画作后面偷听别人对自己的评论一样。

笛卡尔对传统哲学的评论十分尖刻：这是一种如何给别人留下深刻印象并掩盖自身无知的训练，从中可以收获的最有用的东西就是不被它的主张愚弄的能力。与那些认为先前哲学与"科学"差强人意且对自身教育持负面评价的人一样，笛卡尔认为他的全部知识并非来自前人的作品，而是来自伟大的世界之书。这使他用相对的眼光看待自身教养和隐含于他人评判中的价值观念，但是他的宗教信仰除外。这种拒绝接受教育的行为可能被视为一种必要的姿态，这种姿态源于自传的理性本质。但是他对哲学的批判远不止于此。1637年6月14日，笛卡尔写信给拉弗莱什学院的一位耶稣会教师（可能是艾蒂安·诺埃尔神父），称其是自己哲学与文学的启蒙人，并对他表示感谢。他还附上自己的作品，作为对拉弗莱什学院的致敬，并恳请神父给予指正。他的语气轻松愉快，显然没有意识到，自己作品中对该学院哲学教育的评价可能使人感到不快。

第二章和第三章：哲学伦理学原理

《谈谈方法》并没有涵盖所有寻求真理的方法，而是对自然科学研究有用的方法。笛卡尔了解了过去人们寻求普适方法的一些尝试：他提到中世纪神学家雷蒙德·卢尔（1232—1315年），但是将其视为失败案例；又以略显尊重的口吻提起了另一例——应当是指16世纪法国哲学家皮埃尔·德拉拉梅（1515—1572年）。不过，他并没有提到其他年代更近的研究，这些研究试图甩掉所谓的亚里士多德思想（包括弗朗西斯·培根）的包袱。显然，笛卡尔已经设计出一套方法，但他声称自己不想就此进行说明。相反，他提供了两组用以处理自己思想谬误的原则，一组为其在研究中取得进步打下了基础，一组用于处理日常发生的道德问题——他明白伦理学暂时无法取得任何确定性成果。

第一组是有关笛卡尔思维习惯的基本原则。他决定，第一，"若非一件事无可辩驳，否则不轻易将其视为真理。也就是说，我们要小心谨慎地避开偏见和尚不成熟的见解；除了那些毋庸置疑且清晰明了地呈现在我脑海中的道理，其余观点不应成为我的判断"；第二，"尽可能细致地划分所查问题，并尽可能以最好的方式解决它们"；第三，"有序地组织自己的思想，由最简单、最易理解的对象入手，逐步攀升，直至最复杂的问题；甚至为那些没有自然优先级的事物假定一个顺序"；第四，"进行完备的列举和广泛的调查，确保纤悉无遗"。

与笛卡尔同时代的学者可能会从中发现一些传统哲学流程，例如，分类与定义是分析对象时所采取的流程；穷举研究对象本身并非新原则，而是三项假定原则（参见亚里士多德《后分析篇》）之一。但此处的无可辩驳、偏见、清晰明了、简单和复杂的分类略有不同。传统意义上的无可辩驳（证据）是一种从构成三段论论证基础的意义中衍生而来的命题特征。而对笛卡尔来说，它关乎精神感知的直接性，它无法简化为逻辑形式，其本身便是"清晰明了"的。经院哲学家采取更积极的表述，形容偏见是先前的事实认知，或取其本义，或两者兼有（先入为主），或根据形而上学的原则和范畴（例如，形式、物质、缺失、行为与潜能、四因说）将其解释为预设知识，而笛卡尔认为所有这些精神包袱都是有害的。传统哲学术语将从简单到复杂解释为从"（通过感官）熟悉的事物"到"已知本质的事物"。这与笛卡尔《沉思录》第二版的标题"人类心灵的本质以及心灵如何比物体更容易被认识"截然相反。这里（及别处），笛卡尔将其探求知识的方法与著名的亚里士多德派格言"没有任何智慧是可以不经由感觉而获得的"相分离，用从简单到复杂的过程来形容从术语到命题的关系。另一方面，笛卡尔关心知识从基础开始的严谨发展过程，或从元素到组合的过程。"纤悉无遗"又将其研究从自然哲学的一些分支中剥离，这些分支认为自然存在余数和冗余，这使人们难以用任何形式的数学方式去研究它。最后，对于笛卡尔来说，"假定"并非一种逻辑过程，因为人们出于论证目的，完全可以运用逻辑推断给定命题为真；他的"假定"更倾向于是假设演绎方法的一个步骤，即提出符合一般原理的假设，然后根据实证观察进行检验。

对于第二组原则，即道德准则，笛卡尔认为必须落实到位。因为在认识论（知识理论）与本体论（存在论）的问题得到解决之前，它是不存在任何确定性的，它同样是常见事物与新事物的结合。

笛卡尔提到的第一项道德准则是"遵守自己国家的法律习俗[1]；信奉宗教，坚信上帝的恩典自我的童年时代起就给我指引；约束自我，面对任何事情都要采取周围最智慧之人能够普遍接受的最温和、最不偏激的观点"。这就提到了审慎之美德，它在古典伦理学中支配道德与政治行为。蒙田也主张遵守习俗，这赋予社会实践以价值，并营造出一种以局部和相对视角来看待道德与政治价值的倾向，《谈谈方法》明确指出了这一点。

第二项和第三项道德准则具有新斯多葛主义色彩：

"对自己的行为尽可能地坚定和坚决，一旦认定某个观点，即使它饱受质疑，也要像遵循最确定的观点那样坚定不移地遵循它；努力掌控自己而非掌控命运，尝试改变自身欲望而非改变世界秩序。总而言之，要相信除了我们自身的思想之外，没有任何事物可以完全在我们的支配范围之内；并且，那些我们已经尽力而为却仍不能完成的事情，对我们来说是绝无可能实现的事情。"

这些准则使人联想到古代斯多葛派哲学家埃皮克提图（奴隶出身）的《道德手册》的开篇：

"一些事物在我们的掌控之中，另一些则不然。我们掌控的是意见、追求、欲望、厌恶，总之，一切我们自身的行为；我们无法掌控的是身体、财

---

[1] 即遵守当地风俗习惯。

产、名誉、命令，总之，一切非我们自身的行为。我们掌控的事物本质上是自由的、无约束的、不受阻碍的；不受我们掌控的事物是软弱的、奴性的、受束缚的、从属于他人的。那么，请记住，若你认为本质上奴性的事物是自由的、从属于他人的事物是你自己的，那你就会受到阻碍，你会哀叹，会困扰，会埋怨神与人类。但是，若你认为只有从属于自己的事物是自己的，从属于他人的事物是他人的，那么就没有人可以强迫你或束缚你，你也不会埋怨或指责任何人。这样一来，你就不会行任何违背本心之事，也没有人会伤害你——你没有敌人，因此就不会受到伤害。"

在法国经历了灾难性的宗教战争之后的几年里，这种哲学在法国得到了普及，比如当时的政治家、作家纪尧姆·德·维尔（Guillaume du Vair）就把埃皮克提图的作品翻译成了法语。在德·维尔不断再版的作品《论恒常性》（*On Constancy*，1594）中，他试图将古代斯多葛主义与基督教相融合，并强调控制意志与发展个人哲学的重要性，他认为这是对命运的沉浮、时代的罪恶和幸福的不确定性的一剂解药。国际学者尤斯图斯·利普修斯于1584年发表了名为《论恒》（*De constantia*）的作品，书中也宣扬了这一思想；1604年，他发表了《斯多葛哲学导论》（*Manuductio ad stoicam philosophiam*）。这些思想与笛卡尔的思想惊人地相似。笛卡尔在他的《论灵魂的激情》中，进一步阐释了自我决定的含义，他指出，"对灵魂来说，激情是由不得控制而被动产生的"。

第四章：形而上学与认识论

笛卡尔非常清楚，他的形而上学和认识论，以及由此产生的对自然的描述都十分激进。他认为，对于那些没有接受过大学教育的读者来说，这并不是一个大问题，因为他们对维护传统的哲学立场并无既得利益。但是即便如此，他在介绍《沉思录》第一章时，仍建议这些读者"在继续阅读之前，花几个月，或者至少几个星期的时间来思考书中涉及的主题"。他预见，对这些内容更加熟悉的学术群体反而更难接受其中的思想。1641年1月28日，他在写给梅森的信中表示，希望"我的读者在注意到我的理论推翻了亚里士多德的理论之前，能够接受并习惯我的理论"。虽然其中隐含的信息——任何人都可以开启发现自我、上帝与世界之旅——会被非专业读者视为一种解放，但是专业哲学家会对无法简化为三段论逻辑的推理形式犹豫不决，会拒绝忽视几乎所有传统官能心理学的人类思维模式，并对关于灵魂、心灵与身体的关系，以及物质对思想与行动的影响的新解释嗤之以鼻。

《谈谈方法》第四章概述了大量关于笛卡尔思想的哲学文献，这些内容在《沉思录》中有详尽的阐述。我将在解释性说明中指出他的同时代学者在其所讨论的内容中感受到的具体困难。我想在这里指出一般而言被认为有困难的地方。第四章开篇将"方法的怀疑"应用于人类对任何知识类型的主张中。这与笛卡尔时代盛行的怀疑主义有关，并被视为他对早期现代思想危机的回应，在这场危机中，笛卡尔运用了无神论者所青睐的武器来反击他们。现在看来，这种说法并不恰当。毕竟，在寻求确定性的过程中尽可能多地提出质疑并非什么新意。确定性无疑是笛卡尔的目标。他在（上文提到的）1633年11月给梅森的信中写道，"如果我的观点没有过人的确定性，并且不能毫无争议地得到认可，那我将拒绝发表它们"。"得到认可"指的是在笛卡尔时代被称为"或然的"知识——这个词在当时并不主要用来表示对相对频率的判断，而是指权威人士基于特定领域专家的判断而提出的论点。笛卡尔显然没有时间与其他专家交流，但此处他仍提出了"毫无争议地得到认可"这一原则。这是因为，他相信自己的形而上学的基础理论一旦为人所知，就会得到认可。

传统上，确定性是通过运用三段论逻辑来建立的。笛卡尔则采用了一种即时直觉的替代形式，这种形式不能被简化为命题、中项和结论。笛卡尔晚年受邀以传统方式陈述其哲学思想时指出，这种方式效率极低（他在1637年10月的一封信中说道，"若我决定以逻辑论证的形式来阐述我的哲学思想，那印刷工人的手和读者的眼睛或将不保，因为我会创作一个大块头出来"）。后来，他在接受荷兰青年学者弗朗斯·伯曼（Frans Burman）的采访时进一步表示，逻辑论证不仅麻烦，而且是错误的。伯曼怀疑"我思"（笛卡尔主张"我思故我在"）可以简化为以下形式的三段论：

> 所有思考的事物都存在
>
> 我思考
>
> 因此我存在

笛卡尔在回应《沉思录》的相关问题时，已经驳斥了这种简化论：

"当有人说'我思故我在'，他并不是通过三段论从思想中推导出存在，而是通过简单直觉将其识别为一种不言自明的东西。显然，如果他是通过三段论推导存在，那他必须事先了解'所有思考的事物都存在'这个大前提。然而事实上，他更倾向于从自身经历中了解到存在是思想的前提。"

他的反对者发出质疑：当他的论点化为传统三段论形式时，出现了循环论证[1]。

---

〔1〕类似于预期理由（一种逻辑错误，把未经证明的判断作为证明论题的论据）。

即使笛卡尔的同时代学者准备接受即时直觉"我思故我在",他们仍然发现其所暗指的理性形式与自我质询存在问题。传统意义上,人们认为人的理性至少存在主动和被动两种模式。理性是检索和传输知识的复杂过程中的一环,这一过程从理性的目标对象的形象(类别)开始,经由感官进入大脑,汇集至"常识"(sensus communis)中,里面包含了所有可用信息,随后被动理性将其转化为可理解的形式,最后主动理性将其吸纳为一个概念。一方面,笛卡尔以"形式原料说"解读感知,认为感知结合了物质与形式、可感知物与可理解物;另一方面,笛卡尔坚持所有思想的非物质属性。传统观念中,理性、想象和记忆的心智能力储存于侧脑室,其中想象和记忆力都包含物质成分。笛卡尔提到了这些能力,但是将它们归类为"思维实体"(res cogitans),并否认了它们包含物质成分。他将无形的自我意识与物质世界相对立,物质世界不再以不同组合和不同成分的元素来描述,而仅仅描述为"外延实体"(res extensa)。"我思故我在"公式的后半部分,不仅是笛卡尔对本质的肯定,也是对存在的肯定;在传统观念上,这两者是分开考量的。笛卡尔所述并非不能被其同时代学者所理解,但它极其激进,摒弃了亚里士多德学派形而上学与心理学的许多假设。

笛卡尔根据自身直觉完成了关于上帝存在的论证,最初的一些读者却质疑其论证的新颖性。质疑者指出,"我思"与圣奥古斯丁的一项论证有相似之处,并将著名的本体论与笛卡尔的论述进行了(或是有失公允的)比较。前者论证了上帝的存在(上帝的概念本身就蕴含了它是真实存在的意思,该观点由圣安瑟伦最先提出,并随着阿奎那在《神学大全》中的重申而广为人知);后者认为,自我直觉的不完美,必然预示着有一个先存的完美神明的认知。笛卡尔认为灵魂是非物质的主张也被视为不是特别新颖,它触及了当时异常活跃的关于灵魂不朽的辩论。众多诠释亚里士多德主张的学者中,最著名的是中世纪阿拉伯哲学家阿威罗伊和公元2世纪的评论家阿弗罗狄西亚的亚历山大（其相关作品最早是在15世纪出现的），他们指出，亚里士多德认为灵魂是物质的，会随肉体消逝。该主张在不同时期被教会视为异端，特别是在1513年第五次拉特兰会议颁布的法令中，要求所有基督教哲学家通过哲学（而非神学）证明灵魂是不朽的和非物质的。当时，意大利教授彼得罗·蓬波纳齐攻击了亚里士多德的主张，他针对该问题的论述在17世纪20年代的自由主义浪潮之后，于1634年（可能是）在巴黎再版。这引来了若干法语作品的回应，它们为灵魂的不朽性和亚里士多德对此信仰的认同做辩护，其中包括耶稣会士路易斯·里奇奥姆和笛卡尔的熟识让·德·西隆。梅森曾使笛卡尔本人意识到，唯物主义自由思想的小册子或多或少在巴黎秘密地传播。后来，在1641年《沉思录》的序言中，笛卡尔也提到了1513年法令和主张灵魂不朽的必要性。他原本只打算在书中证明灵魂的非物质性，但可能鉴于当时有关灵魂不朽的争论，梅森便在第一版（巴黎版）《沉思录》的序言中加了一句话："在本书中，上帝的存在与灵魂的不朽得到了证明。"在之后1642年的阿姆斯特丹版《沉思录》中，笛卡尔把这句话修改为："上帝的存在与人的灵魂和身体之间的区别都得到了证明。"这就显示了笛卡尔的作品是如何违背他的意愿被简化为当时争论的话题的，其新颖性和准确性都被曲解了。

第五章：物理学与生理学

笛卡尔两部计划中的作品《世界》和《论人》本应是对自然哲学的一次全新阐释，但在他之前，已经有人对亚里士多德的物理学进行了激进的反思。在1630年10月17日写给贝克曼的信中，笛卡尔提到了贝纳迪诺·特勒塞奥（Bernardino Telesio）、佐丹诺·布鲁诺（Giordano Bruno）和托马斯·康帕内拉（Tommaso Campanella）等名字，但是这不一定代表他仔细（或根本没有）阅读过他们的作品。在《谈谈方法》第五章中，笛卡尔简明扼要地阐述了《世界》的论点，描述了心脏的活动，并阐述了他关于人与动物差异的理论。该论述涉及机械哲学的各种元素：首先，所有自然现象都来自物质和运动的结合，可以用形状、大小、数量和运动来解释；其次，所有自然存在都像机器一样运作，遵守可简化为数学形式的一般物理定律；最后，所有物体都由难以察觉的微小分子组成，这些微小分子（取决于不同理论）可能是也可能不是可无限分割的，并且可以在压力或真空环境中循环（前者是笛卡尔所主张的）。

笛卡尔在后续作品中阐述了一种结构公理化的机械哲学，它以一系列连续的方式，从人类知识中最简单的原理出发；它仅从外延意义上定义物质，宣称物理学可以建立在对运动物体的几何分析的基础上。这些观点并没有在《谈谈方法》中作系统的阐述；相反，心脏活动和动物与人相反的本性被用作例证而不是作为证明机械哲学的解释力。正如一封（可能写于）1638年2月反对笛卡尔观点的信中所显示的那样，其他学者不难理解他的观点，尽管他的观点很新颖。他所探讨的领域在当时引起了广泛争论（他本人引用了哈维的《心血运动论》一书，与其他学者不同，他给予了这本书适当的认可）；他所提及的问题也是亚里士多德派学者和古代原子论爱好者，比如曾给《沉思录》写评论的皮埃尔·伽桑狄（Pierre Gassendi）所熟知的。在笛卡尔的描述中，动物精神作为粒子经过大脑中的特定腺体（松果体），非物质的灵魂可以在那里与它们相互作用。这对他的人体机械模型至关重要。他在《谈谈方法》中给出了有效案例，后来，他在《哲学原理》（1644年）中，以介于教科书和一系列经典几何学论证之间的形式提供了一般原理，以此作为学校讲授的自然哲学的激进且连贯的替代品。

第六章：研究的呈现

《谈谈方法》在当时有些不同寻常，因为它的开篇没有致名人的献词，也没有致读者的正式序言。它的类似序言的部分出现在最后一章，而且笛卡尔也在1633年7月的一封信中将其称为"说明"。在这一部分中，笛卡尔以传统方式介绍了整部作品，即所谓"对作者的访问"，其中包括作者的思想表现、作者的名望（这是笛卡尔刻意回避的），作品标题、出版动机、行文顺序、主题的重要性及效用，以及所属体裁。通常情况下，这些内容应该由作者之外的人来完成，但是在笛卡尔所处的时代，甚至之前的时代也有自我陈述的先例。比如古希腊医学作家伽林，就曾直接以自己的名义介绍了自己的作品，包括论证、辩论、轶事、自传和题外话。文艺复兴时期，一些作家在他们生命的最后阶段也进行了类似的创作，比如伊拉斯谟（荷兰著名人文主义家）和吉罗拉莫·卡尔达诺，后者更接近于笛卡尔的范例，因为他本人在创作第一版本的《我的生平》时尚未出名。《我的生平》是卡尔达诺对自己的论述，与笛卡尔一样，卡尔达诺试图对整个哲学作一个全新的论述，不过，没有证据表明笛卡尔曾研读过他的作品（但他肯定听说过卡尔达诺，也许是通过加布里埃尔·诺德。因为17世纪20年代，巴黎局势动荡，笛卡尔被人指控使用魔法，当时就是诺德充当他的辩护人，并最终成为他的自传编辑）。与其说卡尔达诺声名远扬，不如说他臭名昭著。激进的耶稣会士弗朗索瓦·格拉斯（François Garasse）曾抨击他是自由主义作家。有趣的是，卡尔达诺在《我的生平》中讲述了自己的一些梦境，他认为其中的一个梦境尤具预示性，因为这场梦赋予了他作家的宿命感，这与笛卡尔在同一话题上的刻意沉默形成了对比。

笛卡尔的理性自传（《谈谈方法》第一章，见下文详述）概述了他是如何完成总体研究的；第六章则讨论了导致他最初放弃出版、而后又回心转意的动机的狭义问题。笛卡尔称，如果可能，人人都有义务造福自己的同胞。

他希望提供探求真理的范例，即借助观察实验来确定，在众多可能的解释中哪一种是最可取的。他对于计划研究的知识领域怀有宏大的愿景，他曾暗示自己的研究将同时为形而上学、数学、力学和物理学作出贡献。他力求为同胞争取切实利益（尤其在光学仪器制造领域），并希望这些研究最终能使自己在医学上取得进展，因为在他看来，恢复和维持健康以及预防衰老似乎是生命的一大要事。对于欠缺考虑的合作，笛卡尔持严厉态度，他认为这会导致浪费时间；他害怕自己的思想被那些不能坚守其思想的严谨性和纪律性的思想家所用。早前，他在《谈谈方法》中表达了某种鄙夷思想，"（他们）往往自命不凡，妄下结论，没有耐心去梳理自己的思想。而一旦他们开始怀疑公认原则，偏离常轨，就再也无法找回引领正确方向的道路，终身迷失方向"。这就为他增添了另一层出版动机：消除或至少减少误传的风险，同时阐述自己的成果。《谈谈方法》的结语解释了笛卡尔选择法语而非拉丁语的原因：他避免使用科学界流行的语言，并以不指控他人权威的方式传递一个信号，即他仅对纯粹的理性表达感兴趣。这项决定无疑为他带来了一批法国新读者，却无法使他的思想被"科学"同侪所理解。而他对语言的关注（同时期许多学者亦是如此）可能与其发明的更加简洁的数学符号有关，这也是《谈谈方法》附加的论文成果之一。

　　［本部分内容选自亚当（Charles Adam）和塔内里（Paul Tannery）编辑的《笛卡尔全集》的引言与注释部分。］

第一章

良知[1]是世界上分配最均匀的东西；人人都认为自己具备充分的良知，即使是那些最难得到满足的人，也不会觉得自己的良知不够而想要更多。难道说在这件事情上大家都想错了？相反，这说明每个人天生拥有均等的正确判断、辨别是非的能力（即所谓的良知或理性），而人类的意见之所以呈现出多样性，并不是说一些人比另一些人更加理性，而是因为他们各自运用思想的方式不同、考察的东西也不同。由此可见，拥有良知是不够的，重要的是能够正确地运用它[2]。聪明的头脑能够成就伟业，也能制造恐怖的恶果；那些缓慢前行的人，若能坚守正确的道路，反而能走在那些奔跑着离开正确道路的人前面[3]。

于我而言，我从不认为自己比别人聪明。事实上，我常希望自己能像他人一样思维敏捷、想象丰富、记忆敏锐。除此之外，我也不知道还有何种智力属性能使人成为天才。因为理性或理智使我们成为人类，并区别于动物，所以我愿意相信每个人都被赋予了完全的理智。在这一方面，我与哲学家

---

〔1〕"Good sense"，拉丁语意为良好的心灵，在塞涅卡的《论幸福生活》中被第一次提出。但是笛卡尔此处的意思则不同。在《探求真理的指导原则》第八节中，笛卡尔将它解释为"普遍智慧"；而在《谈谈方法》中，它指的是一种判断能力，如若运用得当，它能使人们到达智慧的巅峰。

〔2〕笛卡尔之所以在此处强调这一点，是因为他在后文论述到，智者（某领域公认的专家）的共识并不能为确定命题的真实性提供充足的依据（当时在拉丁语中也被称为"或然率"）；在他看来，不当地运用良知将导致人们接受谬误且难以发现真理。

〔3〕《谈谈方法》中出现的道路与行走的意象可能借鉴自塞涅卡的《论幸福生活》，笛卡尔曾向伊丽莎白公主推荐过这本书。这也证明笛卡尔接受了良好的人文教育，尽管他自称厌恶阅读，但他至少吸纳了他人书本中的知识。

们的看法相同，即程度差异仅适用于偶然事件，不能用于衡量同一物种个体间的形态或性质[1]。

但我要说的是，从少年时期开始，我就幸运地发现自己踏上了某条道路，从而有所考察，有所反思，并总结出一种方法[2]。这种方法使我逐步增长学识，直至达到我平凡的头脑和短暂生命所容许的最高点。可以说，我从这一方法中收获颇丰，我认为自己在追求真理的过程中取得了进步，由此获得了巨大的满足。尽管我在自我评判的时候，总是尽量谨慎行事，避免妄自尊大；尽管当我以哲学家的眼光审视人类所从事的各项活动和事业的时候，发现没有一项不是徒劳无用的，但是如果说在纯粹的人类事业中[3]，有一种真正有益且重要的工作，我会满怀希望地说，这就是我所选择的那一种[4]。

当然，我也可能犯错，也可能错将废铜当作黄金，错将玻璃当作钻石。我深知，一旦和自身利益沾边，我们都有可能犯错；我也明白，当朋友的判断对我们有利时，我们就应该变得更加谨慎。尽管如此，我很乐意在本文中展示我所走过的道路，描绘我的生活图景，以便每个人都能对它作出判断；

---

〔1〕此处笛卡尔借用了经院哲学的说法，后者主张：理智必然在人群中均匀分配，但是由于人的身体在不同程度上影响了理智的运作，导致人的智力各有不同。然而，笛卡尔并不相信这一说辞，因为他并不认为物质或广延实体与精神活动或思维实体能够互相作用。他在介绍这些术语时措辞略显嘲讽，暗示它们是空洞的冗辞。

〔2〕《探求真理的指导原则》第四节中定义了此方法的四项特点：明确真理与谬误的区别，易于实践，易出成果，智慧或催生真理。

〔3〕笛卡尔向来将哲学与神学及其他带有宗教意味的思考区分开来，并对那些将此二者混为一谈的人提出批判，如在1639年8月29日写给梅森的信中，他提到了舍伯里的赫伯特的《论真理》一书，并声称赫伯特的哲学实践暗含宗教动机。

〔4〕理性思考是人类唯一有用的活动。笛卡尔所指的成果包括其著述《世界》和《论人》。

在公众对这幅图景的评价中[1]，我将在惯用方法之外增加一种获取知识的新途径。

因此，我的目的并不在于要求所有人必须遵循我教授的方法才能正确运用自身理智，我仅仅想展示我运用自身理智的方式。那些主动教授他人的人，必须相信自己比他人更有能力，并敢于为自己可能犯下的微小错误承担责任。我仅将本文视为一篇历史记录，或者如果你愿意，也可以将它视为一则寓言，你将从中发现一些值得借鉴的东西，或者发现一些需要规避的东西；我希望它在帮助一些人的同时不会伤害任何人，并希望大家能原谅我的坦率。

我自幼接受书本教育[2]。有人告诉我，一个人可以通过读书获得一切清晰可靠的知识，所以我那时候求知若渴。然而，在完成所有课程以后，我便彻底改变了看法。我原本以为自己也算是博览群书，却不料深陷于诸多疑惑和谬误之中，除了不断认识到自己的无知以外，似乎一无所获。然而，我当时就读的是欧洲最著名的学府之一，我相信那里有着和世界上其他任何地方一样多的文化名人。在学校里，我不但学习和别人一样的课程，并且从不满足于此，在课后还阅读了想方设法得来的一切书本，甚至连那些被视为最神秘和最深奥的学科[3]也没有放过。此外，我也知道别人对我的评价，他

---

〔1〕暗指希腊画家阿佩利斯的做法，这位画家躲在画布后面偷听公众对自己的评价（因此有俗语"躲在画布后的阿佩利斯"）。

〔2〕笛卡尔受教于拉弗莱什学院，他在那里接受了通识人文教育，而不仅仅是我们所理解的狭义的教育。

〔3〕指四门"低级科学"，即占星术、手相术、自然魔法和炼金术。1586年，教皇诏书谴责并禁止手相术。

们并不认为我比其他同学逊色，虽然有的同学已经被选定留校担任讲师。最后，在我看来，我们的时代与以往任何时代一样人才济济、群英荟萃，这就使我大胆地评判所有人并得出结论——这世上终究没有一种可靠的学问符合我的期望。

不过，我并没有不尊重学校的课程。我明白，希腊语和拉丁文对理解古代作品至关重要；寓言以其独特魅力启迪心灵；历史事件可以提升思想高度，以此为鉴可以明得失；读一本好书就仿佛与过去几个世纪中最有深度的头脑交谈，更准确地说，就好像参与一场组织有序的会话，伟人们向我们展示最出色的思想；雄辩术蕴含着无可比拟的力量和美感，诗歌则具备令人愉悦的精妙魔力[1]；数学具有极其微妙的技巧，可以满足那些好奇的心灵，又能辅助人文学科，减少人类劳动；道德书籍涵盖了引教美德的金科玉律[2]；神学指引我们通往天堂的道路；哲学为我们的高谈阔论提供了手段，给那些少条失教之徒留下深刻的印象；法律、医学和其他学科会给业内人士带来财富和荣誉[3]。综上所述，研究所有这些学科分支，即使是最迷信、最错误的分支，都有其意义，因为我们可以了解它们的真正价值，避免被其蒙骗。

可是我认为，我已经在学习语言和阅读古书、历史及寓言上投入足够多

---

〔1〕雄辩是古典修辞学的产物；诗歌主要指古典作家维吉尔、贺拉斯、斯塔提乌斯、奥维德和克劳狄安等的作品。

〔2〕最常被引用的两位古代道德家是塞涅卡和普鲁塔克。

〔3〕此处笛卡尔引用了一句关于医学和法律的讽刺格言：伽林带来财富，查士丁尼带来荣誉；别的学科带来糠和谷物。他似乎认为完整的教育应该包括法律和医学等高等学科，而这些学科只在大学里教授，耶稣会学院并不涉及；笛卡尔随后去往普瓦捷大学深造法律，但书中略过了他的这段经历。

的时间了。与古人交谈犹如旅行一般，了解不同人群的风俗习惯有助于我们更加审慎地评判我们的文化，以免沦为井底之蛙，以至于将与自身习俗有别的文化归为荒谬。不过，如果我们花费太多时间旅行，我们最终会变成自己国家的陌生人；如果我们深深沉浸于已逝的岁月中，我们往往会可悲地对当代时事一无所知。另外，寓言使我们将不可能发生的事情当作可能；历史虽然最忠实地还原了过去的事件，不会为了吸引读者而更改或夸大重要事实，但它几乎总是略过最微小、最无名的历史事件，使得流传下来的历史并非全貌，致使那些以史为鉴规范自身言行的人，往往做出效仿故事中古代骑士[1]的壮举，立下超出自身能力范围的目标。

我也推崇雄辩、热爱诗歌，但我将这二者视为心灵的礼物，而非学习的果实。那些擅长谨慎地推理、富有逻辑地梳理自身想法并将其清晰明了地表达出来的人，总有办法使别人接受他的观点，即使他们操着浓重的地方口音[2]，也从未学习过任何修辞技巧。那些语言表达最宜人，创意最意味深长的人，总能成为最出色的诗人，即便他们不懂诗歌的艺术。

我对数学情有独钟，因为它的推理明确，它的证明无懈可击，但我尚未发现它的具体用处。我发现它仅仅被运用于机械艺术[3]，我震惊于人们没有在如此坚固结实的基础上建造巍巍挺拔的宏伟高楼。相反，古时异教徒的

---

〔1〕中世纪故事中的英雄骑士，在笛卡尔的时代这些故事备受欢迎。

〔2〕指布列塔尼语。在笛卡尔所处的时代，布列塔尼的方言因其野蛮而备受谴责。在未出版的《理性之光对真理的探求》（*La Recherche de la Verit Par la lumière Nature*）中，笛卡尔将瑞士法语和布列塔尼语称作"尤为质朴的方言"。

〔3〕拉弗莱什学院开设地理水文学、军事艺术和机械，以及《教育准则》中的课程。见斯蒂芬·高克罗格《笛卡尔：知识分子传记》（牛津，1992年）。

道德作品倒像是建立在淤泥散沙之上的雄伟宫殿，他们将美德推举至凌驾于其他事物之上的尊崇地位；然而，他们并未给出充分指引，告知人们如何学习这些美德，并且他们冠以美名的这些道德往往与冷漠、自负、绝望或弑亲相关[1]。

我敬畏神学，并像他人一样渴望到达天堂，但是我明白一个既定事实，即通往天堂的道路不但为智者敞开，也同样为无知者敞开。而引领我们去往此处的真理虽远非我们所能理解，我无论如何也不敢将它交由我那微不足道的理性去处置。而且，我认为若要参悟这些真理，必须要有来自上天的超凡帮助[2]，凡夫俗子是绝无可能实现的。

我不对哲学作过多评价，但我知道哲学产生于各个时代最优秀的头脑。但它充满争议，也饱受质疑。我也不会狂妄自大到认为自己在哲学上的成果可以胜过他人。我看到不同的学者如何为同一问题的不同观点辩护，但我认为真理从来只有一个，任何似是而非[3]的答案都等同于虚假。

至于其他学科，只要借鉴了哲学原理，我都可以推断出，它们难以在如此摇摇欲坠的基础上建构任何成果。它们预期带来的荣誉和利益，也不足以打动我去进行研究。因为上天垂怜，我不必为谋求生计、改善生活而学习某

---

〔1〕这是传统基督教对斯多葛哲学的攻击。但是与同时代许多人一样，笛卡尔对斯多葛学派哲学的其他理论是赞同的。

〔2〕笛卡尔指的是神的恩典。在天主教神学中，神授予那些接受它的人（例如任命牧师）超出人类智力能力的力量，使他们有资格讨论教义、解释《圣经》。这些人对自己神圣的使命保持沉默，并避免任何暗示自己拥有特殊能力的言论。

〔3〕可能的，即拉丁语"或然率"（例如被某一特定领域中最智慧的人认可或来源于课本权威的）和"似真"（例如可从感官证据中推导的）。笛卡尔一直试图摆脱看似合理的命题的中间地带，它们为少数学科如医学所接受。

一专业；虽然我不似愤世嫉俗者那样[1]嘲笑世俗的荣耀，但我从不追名逐利，甚至毫不在意。至于那些低级科学[2]，我认为我已经足够了解它们的价值，这使我不轻信炼金术师的许诺或占星家的预言，也不会被魔术师的把戏或部分人的自吹自擂所蒙骗。

这就是为什么当我到了可以脱离师长掌控的年纪，便完全放弃了书本学习。我决定仅从自身或大千世界中追寻知识。因此，我余下的青年时代都在旅途中度过，去拜访宫廷和军队，去接触不同性格和地位的人，广泛积累经验[3]。我在偶发情况中考验自己，并始终对眼前事物进行如实恰当的思考，以便从中受益。我认为，比起学究在书房里闭门造车得来的猜想，我能在人们对生活事件的推理中发现更多真理。因为这些事件对我们有切身影响，如果判断失误，我们很快就会尝到苦头；而学者不必为其思考承担后果，而且推论越偏离常理，他们就越为之自豪，因为这意味着他们运用了更独到精妙的分析才使其合理化。但我向来追求明辨是非，希望正确认识自身行为，并能满怀信心地生活。

的确，当我专注于思考其他国家的风土人情时，我发现没有什么可以为我提供任何参考——它们就如同此前哲学家的观点一样五花八门。因此我从观察他国文化中得到的最大收获是：那些即使被我视为最放纵荒谬的事情，却能被其他伟大的国家接受和认可。因此，我意识到我不应笃信成规惯例使

---

〔1〕指古希腊哲学家第欧根尼（公元前400—公元前325年）。

〔2〕后文又提到这些封闭而神秘的艺术及其保守"秘密"的习惯。与这些科学不同，笛卡尔非常热衷于科学实践，并承诺启蒙大众。

〔3〕指感官知觉或实验的产物；若其意义不局限于以上几种时，也可译为"观察和实验"。

我相信[1]的任何事情。这样，我得以慢慢将自己从许多错误的认知中解救出来，而这些错误的认知曾遮蔽了我们心灵的自然光芒，使我们难以明理。不过，在品读世界之书、求索人生数年后，我决意终有一天要回归自身，用我全部精力去选择我应追随的道路。在我看来，如果我从未离开祖国或是抛下书本，我绝不会取得今天的成就。

---

[1] 笛卡尔此处指他从蒙田《随笔集》中所得到的经验。

第二章

那时我身在德国，战争还未结束。此前我应召入伍，皇帝加冕礼后我本应返回军队，不料想被凛冬困牢在宿舍[1]。在那里，我没有可消遣的伙伴，幸而也没有烦恼或激情[2]来骚扰。我整天将自己关进小屋，烘着火炉，从容地开始自我交谈。我的第一个心得就是：那些经数位工匠大师之手悉心雕琢、委以不同装饰的物件，往往不如由一人经手的物件完美。同理，由一名建筑师一手完成的建筑，往往更加美丽牢固，而由多名建筑师用原本别有他用的旧墙七拼八凑完成的建筑，较之却难以尽如人意。那些古老的城市也是如此。起初，它们不过是村庄，随着时间的推移，逐渐发展为城市，但是与工程师在空旷的平地上设计的井然有序的城镇[3]相比，它们的布局往往杂乱无章。虽然单独来看，古城的建筑同新城一样具备艺术价值，有时候甚至更胜一筹，但是如果我们从整体布局考虑，古城的房屋参差不齐，街道羊肠九曲，这使它们更像是偶然得来的作品，而非人类理性意志的产物。更进一步地思考，部分政府官员的任务就是确保私人建筑的设计与整个城市

---

〔1〕此处指1618—1648年间的"三十年战争"。1619年7月20日至9月9日，神圣罗马帝国皇帝斐迪南二世在美茵河畔的法兰克福举行了加冕礼。这里提到的军队是巴伐利亚公爵、天主教选帝侯马克西米利安的军队。这些营地据悉在乌尔莫尔附近的村庄，或在纽伦堡附近。

〔2〕17世纪40年代，笛卡尔着手创作《论灵魂的激情》，书中的"激情"一词反映出新斯多葛学派思想，指由于对未来、现在或过去的善与恶的思考而引起的心灵不安。

〔3〕这里可能指黎塞留镇。该镇于17世纪30年代由建筑家默西埃依照几何图案在平地上重建，是为法国红衣主教黎塞留修建的，距离主教在普瓦图的家宅不到20公里。

的面貌和谐一致；而当你只能在别人创作的基础上改动时，你会发现所有任务都变得异常困难。这使我得出一个结论，那些由半开化过渡到文明的国家，以及当出现犯罪行为与法律分歧才强制立法的国家，都不如那些从建立伊始就谨慎制定并遵守宪法的国家治理有方。同样毋庸置疑的是，一个奉行唯一真神上帝所授的真信仰的国家，其治理水平必然是任何其他国家无法比拟的。回到人世上来，我相信，斯巴达曾经一度繁荣，并不是因为每项法律条文都十分先进（鉴于很多法律条文都很奇怪，甚至违背道德[1]），而是因为所有法律条文都由同一人制定[2]，都指向同样的目的。所以我认为，既然真理由不同人的观点组成，而书本知识，或者至少学问，其理性基础至多不过是"普遍认可"，且并无实证，因此它并不比任何心智正常的人根据所见事物而进行的简单推理更接近真理。即使我意识到，所有大人都曾是小孩，但因为很长一段时间，我们被欲望和老师所支配（前者与后者常常相互矛盾，任何情况下，两者都不能给出最佳建议），所以我们的判断基本无法像原本一样纯粹可靠。因为出生后，我们尚无法充分利用自身理智并仅由其指引[3]。

诚然，不会有人单单为了修整街道而将整个小镇的房屋全部推倒重建；但确实有人将自己的房子拆毁重建，有时他们也别无选择，尤其是当房子有倒塌的风险或地基不稳的时候。这使我相信，一个人试图通过改变国家立足

---

〔1〕笛卡尔在这里显然打破了自己的原则，即不对其他国家的习俗和道德进行价值判断（见上文）。此处所指的包括在山坡上遗弃畸形儿、鼓励公民互相监视、男女裸体体操，以及某些群体共享女性作为性伴侣。

〔2〕指斯巴达唯一的立法者吕库古。

〔3〕笛卡尔提供了一个人类发展模型，该模型将非物质的灵魂逐渐从位于"动物欲望"的物质身体中解放出来。这暗示了意志（"理性欲望"）和欲望之间的关系，以及意志本身的性质，这两点在《论灵魂的激情》中得到了充分的阐释。

之基础来进行改革或通过推翻旧政权来重建新政权是不理智的；同理，为传道授业、整肃秩序而改革知识体系或学校里的既定秩序[1]也是欠考虑的。反之，就我迄今为止所接受的观点而言，我若想彻底摆脱它们，至多也只能让后来的观点顶替它们，不论是更好的抑或是类似的观点，只要经理性检验，确保其正确性即可。我坚信，比起建立在旧有基础之上或依照年轻时被反复灌输的老旧观念而从未独立地验证其真伪，这种方式能使我更好地整顿生活。因为即使它带来了重重困难，这些困难也是可以被克服的，它们甚至无法与影响公众的最小变革所带来的困难相提并论。因为社会是一个庞然大物，一旦摧毁就很难重建，一旦动摇就难以维系，因此公共体系的坍塌只能是山崩地裂式的。而习俗会很大程度地掩盖社会体制可能存在的缺陷（社会体制的多样性足以保证缺陷必然存在），甚至举重若轻或润物细无声地纠正那些政治决断难以修正的弊端。最后，这些缺陷几乎都比变革更容易让人接受，这好比人们应该选择行驶在蜿蜒于群山之间的平坦公路，而非在危峰深涧中寻求笔直的道路。

这就是为什么我不可能赞同那些惹是生非的不安灵魂，他们既非天生热衷于公共事业，也非蒙后天财富感召，但他们的脑袋里永远酝酿着一场变革。如果我认为本文中有任何内容将使我沦为此类蠢人之伍，我绝不会允许将其出版。我仅希望为自己原有的思想添砖加瓦，完成自身的思想变革，不曾有半点逾矩。[2]如果这项工作令我身心愉悦，我可能会向你吐露一些思想基础，即便如此，我并不建议任何人去生搬硬套。那些深蒙神恩之人可能

---

〔1〕指学校要求的亚里士多德课程体系。
〔2〕笛卡尔不愿以变革者自称，但显然他是。

会有更崇高的设想，但我担心对许多人来说我的想法已然大胆之至了。即使是让某人抛弃他迄今为止所接受的全部观点，这一决定也不适合所有人效仿。世上的头脑基本可以分为两种，无论哪一种都不该如此。第一种人自命不凡，常常妄下结论，没有耐心去梳理自己的思想。结果，一旦他们开始怀疑公认原则，偏离常轨，他们再也无法找回引领正确方向的道路，终其一生迷失方向。另一种人谦逊理智，他们已然明白自己分辨是非的能力不如那些指引他们的人，他们往往满足于听从这些人的建议，也就不会在自己内心深处寻觅更好的答案了。[1]

至于我，若师从一人，或我不曾知晓学者之间长期存在意见分歧，我或许会成为第二种人。但是上学时我早已发现哲学家们提出过多少"奇思妙想"[2]，而且我在后来的旅行中意识到，那些想法与我们截然不同之人并非是蛮夷之辈，相反，他们中许多人和我们一样充分地运用着自身理智，甚至更胜我们。我思索了赋予某个人特定思想的方式，如果一个自小在法国或德国长大的人换作随野人长大，那他会变得多么不同；还有人们的衣着时尚，十年前人们趋之若鹜的款式，以及十年后的流行趋势在当下看来都是奇装异服（这是因为习俗和范例比知识更容易使我们摇摆，然而主流观点[3]作为真理的证据来讲是毫无价值的，后者更难被发掘，因为它常常被个人而非群体发现）。

---

〔1〕这似乎与本文开篇所述的"理智是平均分配的"观点相悖。

〔2〕这与西塞罗《论预言》中的观点相似："在某种程度上，没有什么比哲学家们说过的话更荒谬的了。"

〔3〕拉丁语为 multitudo suffragiorum。笛卡尔似乎想到了亚里士多德《论题篇》中关于"可能"的定义（被普遍接受的……受所有人或大多数智者欢迎的）。它的同义词为"一般性意见"。此处我们再次看出笛卡尔不愿接受任何形式的似是而非。

基于以上原因，我很难断言某人的观点比其余人的更可取，我发现我似乎被迫为自己提供指引。

然而，好比一个人独自在黑夜里行走，我决定放慢脚步，每一步都三思而后行，这样即便我行进缓慢，但至少不会跌倒。直到我第一次有充足的时间规划我所从事的工作，并寻求正确方法来获取大脑能够领会的所有知识时，我才希望自己拒绝所有掠过脑海的非理性指引的想法。

早年间，我研究过哲学范畴下的逻辑学、数学中的几何分析与代数，这三门艺术或学科分支似乎注定将促成我的计划。但是，我在审视它们时发现，就逻辑学而言，其三段论及大多数技巧更多被运用于向他人解释已知的事物，甚至是如哄骗般轻率地谈论人们不熟悉的事物，而不是学习新事物。虽然逻辑学确实包含许多真而美的规律，但其中也混杂着许多有害或多余的理论，要想区分前者与后者就如同从一块粗糙的大理石中雕琢出雅典娜或月亮女神一般困难[1]。至于古代几何分析与近代代数，除了它们研究的都是似乎没有实际应用价值的高度抽象的问题外——前者与图形思考密切相关，付诸思考时必然极大地损耗个人的想象力，而后者常常使个人沦为特定原则或符号的奴隶[2]——还变成了一种复杂晦涩的艺术，而不是培养心智的知

---

〔1〕笛卡尔此处巧妙地引用了亚里士多德哲学中的一句类比来证明自己的观点。亚里士多德所举例子为赫耳墨斯的雕像（并非雅典娜或月亮女神），即用石块与雕像来展示潜能与现实的区别。笛卡尔并未费笔墨阐释这种形而上学的区别。

〔2〕关于笛卡尔对他那个时代记谱法的修正，见导言。他有可能在拉弗莱什学院和巴黎梅森的交际圈中接触到近代数学，前者中耶稣会数学捍卫者克拉维乌斯·克拉维于斯的作品广为人知，后者中许多成员通晓近代法国学者例如弗朗索瓦·韦达的著作。

识形式。这就是为什么我认为必须找到另一种方法，可以集上述三门学科的优点于一身并且避开它们的缺陷。正如过多的法律常常成为恶行的借口，而当法律条款较少且得到严格执行时，国家就足以治理得更好，因此，我认为在构成逻辑学的大多数原则中，只要我做到坚定不移，以下四点于我而言就足够了。

其一，若非一件事无可辩驳，否则不轻易将其视为真理。也就是说，我们要小心谨慎地避开偏见和尚不成熟的见解；除了那些毋庸置疑且清晰明了地呈现在我脑海中的道理，其余观点不应成为我的判断。

其二，尽可能细致地划分所查问的问题，并尽可能以最好的方式解决它们。

其三，有序地组织自己的思想，由最简单、最容易理解的对象入手，逐步攀升，直至最复杂的问题，甚至为那些没有自然优先级的事物假设[1]一个顺序。[2]

---

〔1〕假设：*supposant*。这种用法接近于笛卡尔时代的自然哲学家的用法，对他们来说，假设是"在一门科学得以建构之前必须从一开始就被接受的那些东西——定义、存在陈述和一般未被证明的（正当）原则"。基于假设的推理（过程）需要被解释，例如，橡子长成橡树将被视为在没有阻碍的情况下发生，于是假设的问题将再次出现。这里，笛卡尔仅仅把假设归为问题解决的顺序。

〔2〕笛卡尔这里提出的顺序并未指明何为"最容易理解的对象"。传统亚里士多德派术语区分了"因其本质而容易理解的事物"和"容易被我们理解的事物"。后者最初是通过感官认识的，前者是由感官特质累积衍生出的一种普遍性，即前者是比后者更容易理解的普遍性知识。另一种古代观点是柏拉图式的预言观（见《美诺篇》），根据这一观点，不存在"发现"一说，因为如果我们无知，我们就不会承认我们的发现，如果我们有知，我们就没有理由质询。这里所讨论的既是科学发现方法的普遍条件，又是呈现质询结果的方法。笛卡尔把自己的方法视为"发现"一类，在这里他并不关心呈现顺序的教学含义，他认为形而上学先于物理学，这将感官知识从其原始位置降级。

其四，进行完备的列举和广泛的调查，确保纤悉无遗。[1]

几何学家习惯用一长串简单易懂的推理去证明最复杂的问题，这使我有理由设想，所有人类理解范畴内的事件也是如此环环相扣，只要人们不轻信假象，而依照逻辑顺序进行严密推理，这世上就没有到达不了的远方，更没有发现不了的真实。我不假思索地就决定了要从哪里开始，因为我知道我必须从最简单易懂的部分入手；另外，鉴于迄今为止所有在人类知识领域探寻真理的人中，只有数学家发现了证据，即无可辩驳的论据，因此毫无疑问，我应该由此开始。除了让我的思想习惯以真理滋养自身并且对谬误说"不"以外，我不指望从其中获取其他好处。虽然如此，我并不打算研究那些通常归于数学名下的特定知识分支[2]。我发现虽然这些分支的研究对象不同，但它们存在共通之处，即它们只关注对象之间的不同关联或比例关系。在我看来，除了在一些能帮我更好地理解数学关系的领域，我最好从一般角度[3]审视它们，无须假设其存在，而且，为了日后将比例关系用于其他方面，我也不应该将其局限于以上领域。随后，我意识到，为了了解比例关系，有时我需要单独思考其中一种，有时仅需要记忆，或同时考虑多种关系；我认为，单独思考比例关系的最佳方式是设想它们位于平行线之间，再没有

---

〔1〕这个方法的三要素——分类法、简化法、枚举法——是相互依赖、相互暗示的；它们和归纳法也有联系，但仅在所引证的案例表明以后无法设想其他案例的情况下，从而使结论无效（例如，圆的面积大于其他相同周长的图形）。笛卡尔认为，枚举的每项元素都应该被明晰的直觉所证实，以作为进一步推论的可靠基础。这种测试比归纳经验严格得多。

〔2〕在笛卡尔的时代，人们习惯于将数学划分为纯数学与混合数学，后者包括天文学、占星术、音乐、力学和光学。

〔3〕一般角度即进行简单比较，它包括等于、大于和小于（$a = b$，$a > b$，$a < b$）。笛卡尔在"原则十四"中将数学关系分为两类：顺序和尺度。顺序指先后关系（a，b），尺度指常用度量单位。

其他方法能以更简单、更直观的方式将它们呈现给我的想象和理智〔1〕。但是为了记忆或同时考虑多种关系，我必须用尽可能简洁的符号来代表它们；由此，我借用了几何分析和代数的最佳成果，并让这二者互通有无、互为补充。

我敢说，谨慎遵循我选定的少数几个规律，就能使我很轻松地解开这两个学科所涵盖的所有问题。我在过去两三个月内〔2〕研究它们，从最简单宽泛的问题入手（我所发现的每条真理都将作为后续寻找其他真理的基础），不仅解决了此前我认为的难题，并且对于那些我最终无法解决的问题，我似乎也在心中知道了将以何种方式、在何种程度上解决它们。我这么说也许会让你觉得我不那么自大：如果你考虑到，每件事情只存在一个真理，那么发现这条真理的人就掌握了人类理解能力范围内的全部，就好比儿童学习算术，只要他可以根据运算法则求和，他就已经掌握了人类能够掌握的所有求和问题。总而言之，方法指导人们遵循正确的秩序、列举研究对象的每一个名称，加以研究，并涵盖了赋予运算法则确定性的所有真理。

这个方法最令我满意的一点是，它使我得以在任何场合都能充分运用自身的理智来理解一切事物，虽不能尽善尽美，但至少竭尽全力；此外，我相信在实践此方法时，我的思维逐渐习惯于更加清楚明确地构想其对象，并且

〔1〕关于比例是否应该考虑视觉辅助或仅使用符号的讨论，见《探求真理的指导原则》。在下文中，笛卡尔认为想象在形而上学思辨中没有作用。他在1639年11月13日写给梅森的信中将形而上学与数学进行了对比：数学中最有用的智力部分为想象力；而想象在形而上学的思辨中，与其说是帮助，不如说是阻碍。

〔2〕根据吉尔松《笛卡尔·谈谈方法》（巴黎，1925年），这个时期应该在1619年12月到1620年2月之间。

它不局限于任何特定事物，这使我得以将它有效运用于其他知识分支[1]的问题中，就像我用它来解决代数上的难题一样。虽然如此，我并不敢冒险研究所有可能遇到的问题，因为它们或许与方法规定的顺序相悖。需要注意的是，所有知识分支的原则无一不是来自哲学。虽然我没有在哲学中找到任何确定的原则，但是于我而言，首先要在哲学中树立一定的原则，这是世界上最重要的事情，也是我最担心会匆忙定论或先入为主的事情。我想，我应该在更成熟的年纪而非在23岁时尝试完成这项重任，我需要大量时间为此做好准备，即清除脑海里过往接受的所有错误观念，积累大量经验作为日后诉诸理性的素材，并不断实践我上述的方法，直至我能更好地掌握它。

---

〔1〕这里指的应该是物理学或自然哲学（1619年以前，笛卡尔甚至称其为"物理数学"）。

第三章

正如在开始重建我的房子之前，光拆除房屋还不够，我还需要寻找材料和建筑师，或将自己训练成建筑师，甚至精心筹划方案；此外，在施工中我必须找到其他舒适的房屋以供自己居住。因此，理智迫使我在决断时瞻前顾后，为了避免行动时犹豫不决，也为了从此尽可能幸福地继续生活，我为自己建立了临时的道德准则，其中仅包含三四项原则，我想在此与你们分享。

首先是遵守自己国家的法律习俗；信奉宗教，坚信上帝之恩赐自孩提时代就指引着我；约束自我，面对任何事情时都采取周围最智慧之人所接受的最中庸、最不偏激的观点。因为，我已开始低估自己的观点，我希望可以严格审视它们，而最佳方式就是追随智者的观点。虽然在波斯人和中国人中可能有和我们中间一样多的智者，但我认为，最有效的方法是用我周围人的行为来规范我的行为；另外，若想知悉他们的真实观点，那我必须注意他们做了什么而不是他们说了什么[1]。这不仅是因为在我们目前道德败坏的状态下，很少有人愿意公开自己的真实想法，也因为一些人甚至不清楚自己在想些什么；因为我们相信某事的心理行为，不同于我们知道我们相信某事的心理行为，两者往往可以独立存在[2]。而我仅在同样广为大众接受的观点

---

〔1〕蒙田在《散文集》中也提出了同样的观点：我们的生活历程是我们话语的真实写照。

〔2〕这里笛卡尔似乎将意志行为（判断某物好坏）与理智的判断意识分开。意志和理智都属于提供存在的即时直觉的认知或思维（《数学原理》）。

中选择合乎中庸的一项，一是因为它们往往最容易实践且最有可能成为最佳观点（过度的通常都是坏的）；二是即便我失误了，我也未偏离真理的道路太远。但是如果我选择极端观点，一旦失误，往往已离真理太远。特别是，我将所有个人承诺都归于这些过度行为的范畴，因为通过承诺，人们放弃了一些自由。这并不是说我不赞成法律，因为法律允许人们作出口头承诺或制定书面合同，并约束他们不违反这些承诺或合同（这些承诺通常关乎财富计划、保障商业安全，有的人并不关注）；而是说，我从未在世上发现亘古不变之事。因为就我个人而言，我给自己定下计划，逐渐完善自身判断，而不是变得更糟。我一旦同意某事，便要为之永久负责，除非它不再合理或我不再认为其合理。

其次是对自己的行为尽可能地坚定坚决，即一旦认定某个观点，即使它饱受质疑，也要将其当作最确定的观点坚定不移地追随。这就好比那些迷失在森林中的旅行者，他们知道自己不能以从这个方向绕到那个方向的方式前进，同时也要避免在同一地点久留，他们必须尽可能笔直地朝着一个方向前进。即使他们只是偶然选定了这一方向，也不要因为任何原因改变这个方向；因为这样一来，即使他们不能准确去往自己想要到达的地方，也最终会到达某处，那里必然好过迷失在森林中。同样地，在生活中，我们常常应该当机立断，也就是说，在无法判断哪个意见更真实的情况下，我们应该遵从最有可能是真实的意见。即便我们并没有从中看到比其他观点更多的可能性，我们也必须选择其一。只要它们与生活实际有所联系，我们就可以认为它们确定无疑，因为促使我们选择它们的推理是真实可信的。从那时起，这项原则使我摆脱了经常困扰着软弱和摇摆不定之人良心的遗憾和悔恨情绪，这两种情绪经常使人反复不定——他们在效仿了某些良好实践之后，又觉得有失妥当。

再次是总是努力掌控自己而非掌控命运，尝试改变自身欲望而非改变世界秩序。总而言之，就是要相信：除自身思想外，没有任何事情纯粹由我们支配；就外物而言，若我们已经付出最大努力仍未完成的事情，便是我们绝无可能实现的事情。这项原则足已浇熄未来我对任何力所不能及之物的欲火，因为我们的意志自然倾向于只渴望那些我们思维范围内的东西。如果我们将所有外物一直视为处于自身能力范围之外，我们就不会因为没有拥有它们而感到遗憾，即使我们与生俱来的权利因他人的过错而被剥夺时，我们也不会太过遗憾。此外，将美好之物从必需品之列清除出去。因为俗话说得好，我们不该在生病时祈求健康，不该在牢狱中渴望自由，不该奢求金刚不坏之身，不该幻想肋下生翼，像鸟儿一样展翅飞翔。但我承认，若想使自己从这一角度看待问题，就要有长久的实践和反复的冥思[1]；我认为哲学家的秘密主要在此，因为正是这种思想使他们早早逃过命运的暴政，不论贫穷困苦，都能如神明般幸福[2]。因为通过不断地思考大自然赋予他们的限制，他们完全相信，唯有自身思想能任其支配，而这种信念就足以阻止他们对任何其他东西产生欲望。他们有效地控制了自己的思想，因此他们有理由相信自己比任何其他人更富有、更强大、更自由、更幸福。因为不论他人多么受自然和命运的垂怜，他们却不具备这种哲思，也从不遏制自己的欲望。

---

　〔1〕尤斯图斯·利普修斯于1604年发表的《斯多葛哲学导论》（*Manuductio ad stoicam philosophiam*），就是以劝诫长期冥思作为结语的。与此同时，笛卡尔也很熟悉圣依纳爵·罗耀拉的《神操》，而该书同样提倡此种形式的精神活动，在笛卡尔于1641年发表的《沉思录》中，其标题和结构可以说是归功于后者作品的启发。

　〔2〕出自塞涅卡的《论幸福生活》：尽管神在寿命上优于智者，但他在幸福上并未胜过他们。

最后，作为对这一道德准则的总结，我决定审视人们在生活中所从事的各项事业，以便选择一种最好的事业。我不想对别人的事业作出评判，我认为最好还是继续从事自己的事业，即将我的一生奉献给理性的培养，并按照我为自己规定的方法在认识真理方面取得尽可能大的进步。自我运用这项方法以来，我体会到了极大的快乐，我认为生活中不会有比这更甜蜜、更纯真的乐趣；通过这种方法，我每天都会发现许多对我来说至关重要的真理，且大多数不为他人所知。从这些真理中，我得到了极大的满足，以至于对我来说，其他任何东西都不再重要了。此外，上述三条原则仅基于我不断追求知识的计划。既然上帝赐予每个人内心之光[1]来分辨真假，如果我不打算在适当的时候用我自己的判断来检验别人的意见，那么我一刻也不会相信我仍可以从他人的观点中获得自我满足；如果我没有抓住每个机会去找寻更好的观点（万一确有更好的观点），那我在听从他人意见时就免不了有所顾虑；最后，如果我没有遵循这条道路，我不可能懂得如何抑制欲望或实现幸福。这条道路使我确信自己能够获取智力范围内的所有知识，并以同样的方法获取我能力范围内所有供我支配的财富——既然我们的意志仅根据思维所反

---

〔1〕即西塞罗在《图斯库兰谈话集》中讨论的理性的"自然之光"。这是17世纪初奥斯瓦德·克罗尔等神秘学家所采用的短语，与"恩典之光"相对："我们知道两种光，所有完美的知识都来源于此，除此之外再无其他光。这两种光相互照耀。恩典之光孕育了真正的神学家，理性的自然之光培养了哲学家。后者是真正智慧的基础。"批评者指出，这种学说存在学科混乱的风险。丹尼尔·塞内特写道："他们组成了部分自然之光，恩典之光或其他。他们凭此掩盖他们脑中无法被理智或经验证实的幻象。如果允许人们提出任何新教条而不必受经验和理智的约束，只需凭借简单的自然之光或恩典之光的信用，那真理将被随意阐释。任何人都能看出这将为所有学科带来混乱。"（麦克林《逻辑、符号和自然》）笛卡尔也意识到了援引"自然之光"可能产生的问题。他的解决方案（又被称为"理性"方案）是强调思想占有一切（先天的）独立于感官的基本真理，从这些真理中可以推导出数学和自然哲学的基本真理。

映的好或坏来追求或回避，这足以使我们尽力作出合理的判断并更好地行动[1]——也就是说，它使我们获得全部美德和由此所能获取的其他财富。当我们确信这种情况存在时，我们一定会感到幸福。

我一旦确立了这些原则，并将其与我心中对真理的信仰置于一处（后者永远处于我心中的首位），我便决定自由摒弃我的其他观点。鉴于我期待在他人的陪伴下更好地完成这项事业，而不是将自己继续困在暖融融的炉火旁——尽管我是在这儿萌生了这些想法，我决定在冬天结束前继续踏上旅程。接下来的九年里[2]，我心无旁骛地环游世界，尝试在这个舞台上演的戏剧中担任观众而非演员的角色；在每一件事情上，我都特别仔细地考虑了可能引起怀疑和出错的原因，然后从我的脑海中消除了先前潜入我脑海的所有错误观点。我这样做并非是在模仿那些为质疑而质疑的怀疑论者，后者总是假装无法得出结论[3]；相反，我的整个计划就是为了追求确定性，而不是在"钢与铁"的研究中改变立场。这样，我通过清晰明确的推理而非微弱的猜想来揭露所调查命题的虚伪和不确定性。鉴于我没有发现疑雾重重、难以定论的事件，所以即使一些结论仅仅证明该命题毫无确定性可言，我也认为我是成功的。正如在拆除旧建筑时，人们往往会留下一部分残余以供日后重建

---

〔1〕这非常接近《神学大全》中的托马斯主义。根据该理论，意志是一种理性欲望，渴望美好或它认为的美好（因此正确的判断等于美德，而邪恶就是错误）。或如笛卡尔在1637年4月27日致梅森的信中所说，理性欲望不同于动物欲望。

〔2〕指1619—1628年间的旅行见闻，见吉尔松《笛卡尔·谈谈方法》、斯蒂芬·高克罗格《笛卡尔：知识分子传记》（牛津，1995年）、罗迪斯·刘易斯《笛卡尔：他的生活和思想》（伦敦，1998年）。

〔3〕笛卡尔在这里提到了一种特殊的绝对怀疑主义（怀疑论）做法，即用对立面反驳任何命题而不做判断，他将怀疑作为确定错误所在的手段，而非不做判断的借口。

时使用，我在清除我认为根基不稳的观点时，也会多方观察、积累经验，以确认哪些有助于我日后建立更确定的观点。此外，我继续践行我为自己制定的方法，因为除了按照总体原则谨慎践行我的想法外，我也偶尔匀出几个小时将其运用在数学难题上。若我能剔除它们中源自其他知识领域不够坚实的原则，并或多或少将其转化为数学术语，那我说不定可以将此方法运用到更多领域中去。我对书中[1]的许多问题都是这样处理的。有的人不工作，他们过着无可指摘的愉快生活，时刻注意让自身乐趣远离罪恶；有的人为了享受闲暇不感到无聊，从事着所有体面的消遣。我也像他们一样，从未停止我的计划或是在追寻真理知识的道路上停滞不前，若我仅仅埋头于书本[2]或与学者为伴，我的收获或许远不及此。

然而九年过去了，我仍未就学者经常讨论的问题得出任何结论，或寻找到任何比当前普遍接受的哲学基础更为稳固的根基。那些在我之前就展开计划的卓越头脑仍尚未成功[3]，这使我深感这项事业的艰巨。若我未曾知晓许多人谣传我已完成了这项任务，我决计不敢过早地接过重担。我也不清楚他们得出这项结论的依据。若是我公开表达的观点导致了这项结论，那或许是因为，比起那些从事某项研究的学者，我有更大的自由去坦白我不了解的事情，或许也因为我常常质疑他人确信无疑的推论，但绝不是因为我吹嘘积极的知识。但我的自尊心使我不愿意被误解，因此我认为自己必须竭尽所有，以不虚别人赠我的美名。这种渴望使我决定搬离所有认识的人而退居于

---

〔1〕这里特指《折光》中的正弦定律和《气象》中关于彩虹的讨论。
〔2〕再次表现出笛卡尔对阅读的厌恶。
〔3〕这里可能指亚里士多德和伽林。

此，距今正好已有八年。长期的战乱使这里建立了良好的秩序[1]，驻扎于此的军队似乎只是为确保人民可以在相对安全的环境下享受和平的果实，而这里的人们热闹、活跃、友善，比起探究他人的生活，他们更关心自己的事情。因此，我如愿以偿地过上了只有在偏远荒漠才能享受到的离群索居的生活，同时也无须牺牲现代都市的舒适便利。

---

[1] 1629年，笛卡尔移居荷兰；此时处于尼德兰联合省与西班牙战争期间（1572至1648年），但是中途的1609年至1621年处于休战状态。

第四章

我不确定是否要告诉你们我在这里进行的第一次冥思，因为它过于形而上学，晦涩难懂，并不适合所有人。然而，为了判断我构建的基础是否稳固，我认为自己必须得谈谈它们。正如此前所说，很长一段时间以来，我发现即使有时候我们知道某些观点并不确定，但是出于道德，仍会将它们视为确切无疑的观点去遵循。但是于我而言，希望完全去追求真理，所以我选择与此背道而驰，就算只察觉到一丝怀疑，也要全盘否认并拒绝该观点，这样我才能检验保留在我心中的观点是否是确定无疑的。五感有时会欺骗我们，所以我决定假设任何事物都与五感所描绘的样子有所出入[1]。因为即使在最简单的几何原理上，也有人在推理时犯错或出现逻辑谬误。我认为我也与他人一样容易出错，所以我认为迄今为止我视为有效证明的所有推论都存在错误。最后，鉴于我们清醒时产生的所有思想都可以进入梦中，而在梦中它们全部是虚假的，所以我决定假设所有进入我大脑中的思想都与梦中的幻想一样不实。但此后我立刻注意到，若我假定所有事物为虚假，那么作为思考者，"我"必须是某种存在。于是我注意到了这个真理：我思故我在[2]。它

---

　　[1] 怀疑感官证据当然是司空见惯的事，它一般用来降低人们对自己所掌握知识的盲目自信。笛卡尔这里将其与梦的虚幻体验联系起来。

　　[2] 拉丁语 cogito ergo sum，被翻译为英文时通常为 I think therefore I am。笛卡尔在其他地方（尤其是《数学原理》和《沉思录》）对此作出了明确阐释，即这是一种表述——我在思考，且思考的我存在。他并非将存在作为这句表述的本质，比如他在《数学原理》中指出，若假定正在思（接下页注释）

安全可信，不被任何怀疑论者最浮夸的假定动摇，我认为我可以毫不犹豫地将它视为我所找寻的哲学第一原则[1]。

其次，专心思索我的存在。在我看来，我可以假设我没有躯体，没有让我存在的世界或地点，但我不能假设我不存在。相反，因为我试图质疑其他事物的真实性，那我毫无疑问是存在的；然而，如果我停止思考，即使我此前构想的其他事物都曾真实存在，那我也没有任何理由确信我的存在。因此我推论，"我"是一种本质，这种本质仅仅蕴含在思考之中，我无须为了存在而寻找容身之地，也不依赖任何物质存在。因此，此处的"我"即灵魂[2]，乃我之本质，与我的躯体有着天壤之别，并且远比躯体更加容易理解；即使躯体不复存在，"我"的面貌也不会改变。

此后，我开始总体思考使命题确定为真的条件；既然我已经找到了一个命题，我认为应该了解其确定性存在于何处。我注意到，在"我思故我在"这一命题中，我能清楚地看到思考的前提是人必须存在，这使我确信我讲的是实话。我断定我可以将其视为一般规律，即我们清楚构想的事物都是真实的，但要确认哪些事物属于清楚构想的范围，则存在一定的困难。

（接上页注释）考的事物在其思考时并不存在，则自相矛盾。该篇还提出了另外的观点：迈向"我思"的第一步实际上是怀疑（"我"在怀疑，因此"我"存在）。笛卡尔提出的直觉的直接性与其他文艺复兴时期的学者观点不同，后者关注反射思维，例如卡尔达诺认为，在意识到思想正在被思考之间存在一段时间间隔（《我的生平》，伊恩·麦克版，米兰，2004年）："我们不知道"和"知道我们正在知道"发生在同一时刻，也可能稍有提前或延后。

〔1〕第一原则与三段论的前提和结论都不同，但笛卡尔同时代的学者总是将二者混为一谈，这使笛卡尔十分恼火。

〔2〕原文中为"Ame（灵魂）"。大写表明笛卡尔希望以最高（神学）语境解释该词，是前句中"物质存在"的加强用法。但是，如果认为没有它就不能实现某种客体化或先验的自我指涉，那就大错特错了。

因此，当我想到我在质疑，以及我的存在并不完美时（因为我清楚地看到了一个供我们了解而非质疑的更完美的存在），我决定寻找使我学会思考比自己更完美的事物的来源；我意识到，它必然来自某个更为完美的性质。至于我对其他外物的想法，譬如天地、光、热和其他事物，要确定它们的来处并不难。我可以认为，如果它们是真实的，那么它们就是依赖于我的性质，只要这种性质是相当完美的；如果它们是假的，那么它们就来自虚无，也就是说，这种不真实因我具备某些缺陷而浮现在我的脑海中[1]。但是，这不能代表它们是比我更加完美的存在，因为我显然不可能认为它们来自虚无；而倘若更完美的存在来自且依赖于稍欠完美的存在，这便同有来自无一样矛盾[2]。因此，若它们更加完美，也不该来自我。于是仅剩下一种可能性，即它们是由一种比我更完美的存在而赋予我的，这一存在拥有我能想象的所有完美之处，简而言之，他是上帝[3]。此外，我还要补充一点，因为我知道自己不曾拥有完美的本质，所以我不是唯一的存在（如果你不介意，我将自由运用一些学术术语），必然有其他比我更加完美的存在，我依赖于它们，并

---

〔1〕真理存在于存在之中，谬误存在于非存在之中，这是笛卡尔原则。在1649年4月23日写给克莱尔色列的信中，笛卡尔写道：我凭自然之光清楚地看见，所有欺骗都依赖于缺陷；因为绝对完美的存在不会趋向于非存在，即不能以非存在、非上帝或非真理作为其目的和终点，这三者是相同的。

〔2〕笛卡尔这里指原子物理学和亚里士多德物理学的前提。巴黎主教在1277年谴责了该理论，因为它与犹太教—基督教创世论相悖。此处笛卡尔明确地提出"没有任何事物或任何实际存在的完美来自虚无或不存在的事物"来回应《沉思录》异议三。

〔3〕笛卡尔对上帝的证明被同时代学者用来与圣安瑟伦的本体（先验）论相比。梅森曾向笛卡尔提起过圣安瑟伦的理论，后者将上帝定义为最伟大的存在，且这种存在不只存在于理智中，也必须存在于现实里，因此它比只存在于理智中的存在更加伟大。在《沉思录》异议一中，皮埃尔·伯丁也将笛卡尔的论点与阿奎那在《神学大全》中所提出的上帝存在的证据进行了比较。关于这些复杂且有争议的论点，以及它们与笛卡尔论点及其新颖性的关系，在吉尔松《笛卡尔·谈谈方法》中说明得非常清楚。

从它们身上获取我拥有的一切。倘若我是唯一的存在，并且独立于其他任何存在，因而构建了些许我与"完美存在"所共有的完美本质，基于相同的原因，我也应当具备自己所缺少的余下的完美本质，因此，我应当是无穷、永恒、不变且全知的。简而言之，我应当具备上帝的所有完美之处。因为，这一系列推理使我在本性允许范围内了解到上帝的本质，我会对某些本质产生自己的看法，就此而言，我只需要考虑拥有它们是否完美即可；我确定这些本质都能证明上帝的完美无缺，但我也确定其他存在都有缺陷。由此，我可以得出疑惑、反复、悲伤及诸如此类的事情并不是来自上帝，因为我自己非常乐意摆脱它们。除此之外，在感官领域，我有许多针对有形的物体的见解。即使我假设自己在做梦，我所见所想都是虚假的，我也无法否认它们确实存在于我的脑海。但是因为我已经承认，于我而言，思维与肉体的实质截然不同。鉴于所有构成成分都是依赖的证明，而依赖显然是一种缺陷[1]，那么我推断，上帝作为完美的存在不可能包含这两者，因此，上帝并非由任何物质构成。但是，世上若存在任何肉体或思维[2]或是其他不完美的本质，则其存在必须依赖于上帝的力量；因此，若离开了上帝，它们一刻也不能存在[3]。

---

〔1〕因为对于复合事物来说，部分依赖于整体，整体又依赖于部分，所以两者都缺乏独立存在的完美。

〔2〕思维：intelligences，经院哲学中不朽的非肉体存在。

〔3〕笛卡尔偶因论认为，上帝无时无刻不介入自己的创造中，以确保其创造的持续存在。偶因论的独特之处在于，它不与实体形式或本质相联系。这一点，以及诸如无限和永恒等属性，都在笛卡尔时代的自然哲学和医学中被广泛讨论。

此后，我决定寻找其他真理。我想起了几何学家的研究对象，我将其想象成一个在长度、宽度、高度或深度上无限延伸的连续实体或空间，它被分割成形状大小各不相同的数个部分，这些部分可以通过多种方式移动或调换。我略读了一些几何学家提出的比较简单的证明，我发现人们赋予它们极大的确定性，仅仅依凭他们认为清楚的事实。但是按照我上文所建立的原则，我无法认同它们中任何一个对象确实存在。例如，我假设给定一个三角形，其三个角的度数之和必须等于两个直角之和；尽管如此，并没有什么理由可以向我证明这个三角形确实存在。然而，回到我对于完美存在的想法上，我觉得在这种情形中，存在包含于"三角之和等于两个直角之和是包含在一个三角形之中"的概念之中，或者如同在一个平面圆形的观点中，平面上任意一点到圆心的距离相等也和上面所说的一样，甚至更不容置疑。因此，上帝即完美存在，它的存在就像任何几何证明一样清楚明白[1]。

但是许多人难以认识上帝甚至是自己的灵魂，这是因为他们从未将自己的思想提升至感官领域之上：他们习惯于想象事物，而想象是一种针对物质对象所特有的思维模式；他们不善于思考事物，也就是说，任何不能被想象的事物对他们来说都是无法了解的。就连经院哲学家也认为，思维中不存在任何感官不能预先觉察的东西[2]，这也可以佐证上述观点。然而可以确定的是，上帝和灵魂的概念从不曾被感官觉察。在我看来，人们希望运用想象去理解这些想法，就好像是为了听见声音或品尝味道而使用眼睛或嘴巴一

---

〔1〕该论点被称为"本体论证明"，如前述所说，它受到了笛卡尔同时代学者的广泛抨击。

〔2〕这是亚里士多德学派的格言"Nil in inteflectu quod non fuerit prius in sensu"。笛卡尔有力地推翻了它。

样。不过，这二者之间还有进一步的区别，即视觉和听觉、味觉一样，无法向我们证实事情的真实性。如果我们的思维不发挥任何作用，无论是我们的想象还是感官都无法确认任何事物的存在。

最后，如果我所引证的论据还不足以说服某些人，使他们相信上帝和灵魂的存在，那么我会让他们明白，其他所有他们认为更肯定的事情，譬如说他们拥有肉体，或者宇宙中存在星体和地球，诸如此类，实际上更不确定。因为，虽然出于实际目的，我们对形而上学的事情持有一定的精神保证[1]——我们如若质疑它们的存在未免太过，但是，除了丧失理智的人之外，相信没有人可以否认，我们有充足的原因说我们没有完全地确定，就比如，我们在睡觉的时候可以想象我们拥有另一个身躯，或者能看见其他星体和另一个地球，然而这一切都不是真实存在的。既然梦中的想法和醒着的时候一样生动清晰，甚至更加活跃，那么我们如何知道它们是虚幻的呢？无论那些智者如何粉饰其论据，都不足以消除这个疑虑，除非他们假定了上帝的存在。

首先，即使按照上述准则，我们清楚，若是构想的事物都是真实的，那也只有当上帝存在时才可以确定，因为上帝是完美存在，我们拥有的一切都源自于他。由此可知，我们的想法或观念，是真实且来自上帝的，只要它们清晰明确，那就一定是真实的，绝无第二种可能。如果我们经常冒出一些虚假的想法，它们一定是混乱不清的，因为它们与虚无相伴。也就是说，它们以此种混沌的形式存在于我们的思想中，因为我们并非完美之存在。这也证

---

〔1〕精神保证（une assurance morale）：这里指针对一般实践目标的足够的确定性（《哲学原理》）。

明，谬误与瑕疵源自上帝，同真理与完美源自虚无一样矛盾。但是，如果我们不知道我们拥有的所有真实之物都来自一个完美且无穷尽的存在，那么不管我们的观点有多么清晰明了，我们都没理由相信它们拥有真实之美。

其次，一旦上帝和灵魂的概念使我们确信这一准则，那我们在梦中想象的事物绝不该使我们怀疑清醒时产生的想法的真实性，确定这一点也由此变得更容易了。这是因为，即使一个人可能在睡梦中产生了一些非常清晰的想法，例如，一个几何学家发现了一些新证明，他在睡觉这一事实并不妨碍其发现的真实性。至于我们梦中最常出现的错误，其原因就在于梦常常像我们的外在感官一样，为我们呈现许多事物，它给我们机会去怀疑这些事物的真假。然而这并不重要，因为我们的感官也常常在清醒时误导我们[1]，就像身患黄疸的人目之所及都是黄色，或者像星星或其他遥远的物体看上去比实际上更小一样。

最后，无论我们清醒与否，我们永远不应该让自己被那些推理以外的证据说服。值得一提的是，我说的是我们的"推理"，而不是我们的"想象"或"感官"。即使我们能清楚地看见太阳，我们也不能以此判断它的大小与我们所见一致；即使我们能想象出狮面羊身之物，但这不一定能推论出世界上存在这样的怪物[2]。因为理性告诉我们，我们看见或想象的东西并不一定是真实的。但它确定地告诉我们，我们所有的想法或观念一定是建立在真理的部分基础之上的；若它们并非如此，全知全能的上帝就不可能将其置于

---

〔1〕这段话将梦视为物质的；1619年11月10日笛卡尔的预言之梦。
〔2〕亚里士多德在《解释篇》中也谈到了"羊鹿"。

我们的头脑之中。无论清醒与否，我们的推理过程都如此清晰完整（即使在梦中，我们的想象往往也是生动清晰的）。因此理性警示我们，我们的想法并不全是真实的——因为我们不是完美的存在，它们所蕴含的真理必然[1]是基于我们清醒时所见之物而非梦中所见之物。

---

〔1〕笛卡尔认为"必然"这一措辞不妥，并同意在1644年拉丁语版本中将"必然"改为"更可能"。

第五章

我很乐意继续揭示我从第一个真理中推论出的所有真理。但是为了实现这一目标，我必须在此探讨在学者中备受争议的几个问题；我不希望与他们产生争执，所以我认为我最好放弃讨论，仅仅笼统地介绍这些问题，让更出色的头脑去判断，了解其细节是否可以使公众受益。我一直坚持自己的决定，除了此前用来证明上帝和灵魂存在的原则之外，我没有提出其他任何原则，并且我不把任何在我看来不如几何学家的证明更清楚明确的观点视为真实的。然而，我敢说，我不仅在短时间内找到了解决哲学上通常讨论的所有主要困难的方法，而且我明白了，上帝在自然中以这种方法创建的某些规律也在我们的灵魂中留下了相似的烙印，对其进行充分的反思后，我们无法怀疑世上存在或产生的万事万物都严格地遵循这些规律。此外，通过思考这些规律所带来的结果，我似乎发现了许多真理，它们比我迄今为止学到的甚至希望学到的知识都更重要、更有用处。

虽然我在专著中解释了其中最重要的规律，但是由于种种顾虑，我放弃了发表。不过我想在此处简要说明其内容，我认为没有比这更好的方法让它为世人所知[1]。在撰写前，我原本希望囊括所有我知道的关于物质事物的特质，但是正如画家无法在平面中还原一个固体的不同面，所以他只能选择将主要的一面放置在光源处，将其余各面置于阴影中，以还原人们看向

---

〔1〕这里指的是在笛卡尔身后发表的两篇论述——《世界》和《论人》（不完整手稿）。

特定一面时所见的样子一样，我也担心自己不能将脑中的一切叙述出来，因此，我也只能选择将我思想中的精彩之处完全展示出来。然后，我抓住机会分别加入了一些关于太阳和恒星的理论，因为基本上所有的光都是由它们发出的；加入了一些关于宇宙的理论，因为它们传播了光；加入了一些关于行星、彗星和地球的内容，因为它们反射了光；还有一些关于地面的内容，因为它们有颜色、或透明或发光；以及加入了一些关于人类的内容，因为人类是这一切的观众。为了使这些内容远离聚光灯，使我得以更自由地表达我对它们的看法而不必同意或驳斥其他学者的观点，我决定将地球的一切留给他们去讨论，我仅仅发表对一个新世界可能发生的事情的看法。假设上帝现在在想象空间中创造出足够多的物质组成了新的世界，假设上帝以多种无差别的方式扰乱这些物质的不同部分[1]，以便制造出任何一位诗人可以想象的那种混沌；然后他仅仅以平常的姿态维系自然，使其依照他所建立的原则运转。因此，我首先要描述这些物质，尝试将它们呈现出来。我认为除了刚刚提到的上帝和灵魂，世上没有任何其他物质比它们更清楚明了；我甚至明确地假设它们不包含经院哲学家所讨论的任何形式或性质，也不包含不能被我们的心灵了解的任何内容——我们无法假装自己不知道它。此外，我揭示了什么是自然原则；我的推理仅基于上帝的完美，而不依赖于其他原则。我开始证明所有人们可能有所怀疑的规律，并且证明，即使上帝另外创造了世

---

〔1〕该假设使笛卡尔没有在伽利略被审判后引用其学说。在构建这个假想的宇宙时，他回避了对宇宙有限性或无限性的讨论，只坚称于其目的而言宇宙是无限的（《数学原理》）。后来在1647年6月6日给夏务的信中，他援引了一位教会权威人士的观点（15世纪主教库萨的尼古拉）："我记得主教库萨的尼古拉和许多（教会）医生都认为宇宙是无限的，而教会从未就此谴责过他们。"

界，但是他不能建造任何为自然原则所观察不到的世界。随后，我将论证：造成混沌的大部分物质必须按照这些原则将自己排列为与我们的天体相同的形式；同时，混沌的一部分是如何形成地球、行星和彗星的，而其他部分是如何演变成太阳和恒星的。在此，我延伸到光的问题上[1]，详细解释太阳和其他天体发出的光的性质，并解释它如何在一瞬间穿越广袤无垠的宇宙，如何被行星和彗星反射至地面。我还增加了许多有关物质、位置、运动的内容以及其他有关宇宙和行星具备的不同性质。我想我的论证已经足以说明，我们世界上的所有物质一定或至少看上去与我描述的世界完全相似。接下来，我要特别谈论地球，尽管我明确假设上帝没有赋予它的组成部分任何重量[2]，然而，它的所有部分无一例外地向中心倾斜；并谈论地球表面的水和空气，以及宇宙和天体（主要是月球）的排列是如何引起潮汐运动的，这与我们在大海中观察到的情况相似；此外，水和空气是由东至西运动的，正如我们在热带地区所看到的那样；我还将谈论山、海、泉、河如何自然形成，矿中如何产生金属，植物如何生长在田野上，总之，所有混合体或合成体是如何形成的。因为我知道，除了星星以外，世界上只有火能够产生光，所以我清楚地解释了所有与光的性质相关的事物：光是如何形成的，又是如何维系的，为什么有时只有热而不发光，有时候却只有光而不发热；光如何赋予不同物体不同的颜色和不同的性质；它是如何熔化或加固事物，如何燃尽几乎所有物质并将其转化为灰与烟的；最后这些灰烬又是如何通过自身作用变成光片的。我特别享受于这个叙述过程，因为从灰烬到光片的转变，在我看

---

〔1〕参看笛卡尔有关光的著述。
〔2〕重量：pesanteur，经院哲学解释为物体向下运动的趋势（见亚里士多德《天论》）。

来就像自然界中发生的任何转变一样值得关注。

然而，我不希望由此推论出，我们的世界必定以我假定的方式被创造。因为，更合理的推断是，上帝从一开始就按照世界应有的模样来创造它。不过可以肯定的是，上帝维系世界的行为同其创造世界的行为一致[1]，这也是神学家普遍认同的观点。虽然上帝最初赋予世界的形式只是一片混沌，但是在他创建了自然原则以后，就引导自然按其通常运转的方式运行。我们也不必崇拜所谓的创造神迹，而要相信，所有纯粹的物质原本都可以以这种方法将自己渐渐变成我们现在看见的样子。当我们看到它们以这种方式逐渐形成时，则会比看到它们的最初形态更容易理解它们的性质。

在描述了无生命物体和植物之后，我转向讨论动物，其次是人类。但是，由于我对人类的了解还不够充分，所以不能像讨论其他东西那样谈论它，即由因及果地展示自然以何种元素、何种过程创造了它；我只能采用上帝创造了人类身体这一假设，即无论是人肢体的外部形态还是器官的内部构造都与上帝一模一样。除上述这些组成部分以外，人体没有任何其他组成物质，而且上帝一开始并没有赋予人类任何理性的灵魂，或任何用来生长或感知的灵魂[2]。上帝仅以无光之火点燃人类的心灵，我先前解释过这种火，我认为它的性质与将点燃的干草罩住，或与用火给酒渣发酵升温没什么区别。因为，在研究人类身体机能时，我确切地发现了我们不需要思考就存在的一切，这些东西与我们的灵魂毫无关联。因为灵魂是与我们身体区分开来的那一部分，如上文所说，它的唯一性质就是思考；无理性的动物也拥有与

---

〔1〕见阿奎那《神学大全》。
〔2〕有关亚里士多德的三位一体灵魂理论，见哈维《五种内在智识》。

此相似的机能。我无法在人的身体中找到除思想之外的独属于我们人类的机能，然而我发现，一旦我假设上帝创造了理性灵魂，并将其与这具身体以我描述的特殊方式结合起来，独属于人类的机能就产生了。

我希望在此解释心脏和动脉的运动，这是从动物身上观察到的最基本、最普遍的运动；读者可以从中看出我是如何探讨这一问题的，也能更容易地了解看待其他运动的方式。为了便于读者理解我要讲的内容，我应该像一位没有接触过解剖学的人，在未阅读解剖学以前，先剖开哺乳动物的心脏（因为它的各部分构造都与人类的相似），认识两个心室或心腔。首先，我们看到，右侧心腔连接着两根粗血管：一根是腔静脉，它是储存血液的主要容器，如同树的主干，体内其他血管都是它的枝茎；一根是肺动脉，它的拉丁文学名取得不妥（译者注：拉丁文学名vena arteriosa，其中vena意为静脉），实际上它是一根动脉，从源头心脏出发，分出许多支脉，纵蔓了整个肺部。其次，左侧心腔也以同样的方式连接着两根血管，这两根血管同右侧的一样粗，甚至稍粗。其中一根是肺静脉，它的拉丁文学名亦不准确（译者注：拉丁文学名arteria venosa，其中arteria意为动脉），因为它是一根静脉，从肺部分出许多支脉，与肺动脉支脉和气管的分支交织在一起，我们呼吸的空气就从其中通过；另一根是主动脉，从心脏出发，支脉遍布全身。我们再来仔细观察十一片小薄膜，它们如同小门，管控两个心腔上四个开口的启闭。其中三片位于腔静脉的入口，排列精巧，不妨碍其中的血液流向心脏的右心腔，同时又阻止血液从右心腔中外流；三片位于肺动脉入口，排列与上三片相反，这三片允许心腔中的血液流向肺部，阻止血液从肺部回流；两片位于肺静脉入口，允许血液以同样方式从肺部流向左心腔，并阻止其回流；余下三片位于主动脉入口，允许血液流出心脏，并阻止其回流。我们不必探寻这些薄膜数量的差异，因为肺静脉位置特殊，其开口呈椭圆形，两片薄膜可轻松闭合，而其余开口皆呈圆形，需要三片薄膜才能轻松闭合。此外，我希望读者可以看出，主动脉和肺动脉的组织比肺静脉和腔静脉的更坚实致密。后两者在进入心脏前扩宽成两个囊袋，称为心耳，其组成物质与心脏相类似。读者还会发现，心脏的温度总是高于身体其他部位。较高的温度可以使血液流入心腔后立刻膨胀，就像其他液体被滴入高温容器时那样。

此后，我无须进一步解释心脏的运动。当心腔没有充满血液时，血液必然从腔静脉流入右心腔，从肺静脉流入左心腔，因为这根血管总是充满血液，它们的开口朝向心脏且不闭合；但只要两滴血液由此流入心脏，每个心腔各流入一滴，这滴血液（必然非常大，因为它们的进口开得很大，流出的血管又充满血液）遇到高温后就会膨胀变得稀薄。这样一来，它们使整个心脏膨胀起来，将两根血管入口处的五扇小门关闭，阻止更多血液流入心脏。血液越来越稀薄，就继续推开了位于另外两根血管入口的六扇小门，血液经由它们流出心脏，因此使肺动脉和主动脉的全部分支和心脏一同膨胀[1]。然后心脏立即收缩，两根动脉也随之收缩，因为流入它们中的血液已经冷却了，那六扇小门又重新闭合，腔静脉和肺静脉的五扇小门再次开启，允许两滴血液通过，它们立刻引起心脏和主动脉的膨胀，与上述过程一致。因为血液通过两个被称为心耳的囊袋流入心脏，所以心耳的运动与心脏刚好相反，心脏舒张时心耳就收缩。最后，那些不理解数学论证的力量、不能区分真正推理和似真推理的人，不应该在未审视我的论述之前就冒险否认它们。我要提醒他

---

〔1〕这延续了伽林的观点。根据该观点，脉搏对应心脏的舒张期，是活跃阶段，收缩期则是心脏肌肉松弛的被动阶段。而哈维认为收缩期是活跃阶段的观点现在被认为是正确的，它与笛卡尔的观点相反。

们，上文所阐述的心脏运动必然是由人们的肉眼在心脏中可以看到的器官排列引起的，必然是由手指在心脏中可以感受的热度引起的，必然是由通过观察可以了解到的血液性质引起的，正如时钟的运动必然是由钟摆和齿轮的力量、位置和形状引起的一样[1]。

但是，若有人疑惑为何静脉中的血液如此源源不断地流入心脏却不竭尽，为何心脏中的血液流入主动脉却未将它充满，我只需重复一名英国医生已经得出的答案[2]即可回答。这位医生值得表彰，因为他是该问题的破冰人。他最先证明了动脉末端存在许多细小通道，血液从心脏中流出后，经由这些通道流入静脉的细小分支，又立刻由静脉分支流回心脏，因此这条路径是永恒循环的。他用外科医生的临床经验完美证明了这一假设。医生将静脉开口处上方的手臂适度紧缚，相较于手臂不被绑扎的情况，这导致血液大量流出。若在下方手掌和静脉开口处之间进行绑扎，或是在手臂上方紧紧绑扎，出血量则会减少。显然，适当松紧的绑扎可以阻止静脉中的血液流回心脏，且不妨碍新鲜血液从动脉中流出，因为动脉位于静脉及其血管壁下方，组织致密，更难按压。此外，比起血液从手掌经由静脉流回心脏，血液从心脏流出经由动脉流向手掌需要更大的力量。因为血液从手臂某条静脉的开口

---

〔1〕这篇文章的要点——将心脏运动归结为一种机械运动（即排除任何神秘力量的参与）——是通过这一类比有力阐明的。

〔2〕此处旁注"Hervaeus, de motu cordis"，是指威廉·哈维1628年发表的《心血运动论》，梅森曾向笛卡尔推荐过这本书。接下来是笛卡尔对哈维关于心脏运作描述的详细反驳。笛卡尔指出，他在阅读哈维的作品之前就对循环问题形成了自己的观点，正如他在没有阅读弗朗索瓦·韦达作品的情况下就取得了数学上的进步一样。1638年2月15日，笛卡尔在给沃皮斯库斯·普林皮乌斯（1601—1671年）的信中详述了自己为确立心脏运作模式而进行的动物实验。

处流出，绑扎处下方必定有其他通道通往手臂末端，也就是说，血液可以通过这条通道从动脉中流出。他还验证了血液循环理论，首先是分布在静脉不同位置的特定薄膜，它们不允许血液从心脏流向四肢，只允许血液从四肢流回心脏；其次，实验表明，若动脉被切断，即使我们紧紧绑扎心脏周围，且伤口位于心脏和绑扎处之间，体内所有血液仍会在短时间内从该动脉涌出，因此我们没有理由假设流出的血液来自除心脏以外的任何地方。

还有其他许多情况可以证明血液运动的真正原因恰如我所说。首先，我们需要关注静脉血液与动脉血液的差别。这只能是因为，血液通过心脏时变稀薄，或者说，被汽化了，血液流出心脏后（即它处于动脉中时）比进入心脏前不久（即它处于静脉中时）更稀薄、更活跃、温度更高。如果我们仔细观察就会发现，只有在靠近心脏处才能清楚观察到这种差别，在远离心脏处就难以察觉这种差别了。其次，肺动脉和主动脉坚硬的血管壁充分表明血液对这两者的冲击比对静脉的冲击更有力。若不是因为肺静脉的血液流出心脏后仅仅经过肺部，它们比腔静脉流出的血液更稀薄、含氧量更低，为什么左心腔和主动脉比右心腔和肺动脉更宽大呢？内科医生之所以能切脉诊断，正是因为他知道血液的性质发生改变时，心脏温度稀释它的强度和速度也会发生变化。如果我们探究心脏的温度是如何转递到身体各处的，那我们就不能否认，血液流经心脏时变热，再将温度传递到整个身体。由此可知，当我们把身体某部分的血液抽出时，热量也同样被带走了，即心脏如烙铁般滚烫，如若它不能源源不断地为身体输送血液，它也就不足以像现在这样温暖我们的手脚。

我们也由此得知，呼吸的真正作用是为肺部输送充足的新鲜空气，这样血液在心脏中被稀释成蒸汽，从右心腔进入肺部，随后在流回左心腔前浓缩并再次变成血液。若没有这一流程，血液就不能滋养心中之火。这些过程都被我们看得见的事实证实了。没有肺的动物只有一个心腔，胎儿在母亲的子宫里无法使用肺部，它们的血液从腔静脉通过一个小孔流入左心室，再从肺动脉经由一根血管流向主动脉，并不流经肺部。此外，若非心脏通过主动脉向胃部输送热量，又一并输送了流动性最强的那部分血液帮助分解人体摄入的食物，胃部又怎么能消化它们呢？如果考虑到血液反复流经心脏时每天汽化不下一两百次，我们就不难理解使食物的汁液转化为血液的动作了。我们也无须解释营养以及各类体液[1]的产生了，因为血液变稀薄时产生了一股力量，将其从心脏推向动脉末端，在抵达各器官时，部分血液在此停留，并将器官中原有的血液挤出，取而代之。根据它们所遇到的孔隙的位置、形状和大小，部分血液流向特定部位，正如网眼大小不同的筛子可以将不同谷物分开一样。最后，这一切中最值得注意的现象就是动物精神[2]的产生，它就像一阵微妙可感的清风，又像一团纯净而富有生命力的火苗，不断地、大量地由心脏向大脑生起，通过神经从大脑传递至肌肉，使我们的肢体运动。我们无须假设其他原因，只因为携带血液流向大脑的动脉直通心脏，所以那些最激动、最具渗透力的血液（它们也最适合构成精神）流向大脑而非他处。根据机械学定律（同自然定律），当许多事物共同拥向同一地点，而该处没有足够的空间容纳所有事物时（正如血液从左心腔流入大脑一样），虚弱的和不够活跃的必然被强壮的取代，这样最终到达各自的目的地。

---

〔1〕体液：humeurs，该词通常用来指构成气质或肤色的四种体液（血液、胆汁、黄胆汁和黑胆汁，它们分别对应于多血质、胆汁质、黏液质和忧郁质）。但是在本文和《论人》中，笛卡尔都用它来表示由血液转化成的唾液、尿、汗和其他排泄物。

〔2〕动物精神：伽林所指的三种精神之一。一是自然精神，它是构成欲望、变化和世代的力量；二是活力精神，它使心脏充满动力；三是动物精神，它是理性思维及其等价物的来源，是动物的判断力。在笛卡尔的机械理论中，动物精神是血液中最小的颗粒，不具备活力功能。

　　我在此前打算发表的专著中极尽详细地阐述了这些内容[1]。随后我论述了人体的神经和肌肉需要如何构造才能使体内的动物精神具备调动肢体的力量：正如我们所见，头颅刚被砍下时，尽管已经失去生命力，但仍在移动、啃咬地皮；大脑发生何种变化，才能使人清醒、睡眠和做梦；光、声、气、味、热及其他外物的特质如何通过感官媒介给大脑留下不同的印象；饥渴和其他内在情感如何将观念传递给大脑；通感如何接受这些观念，记忆如何保存这些观念，想象力如何以不同方式修改这些观念，或将它们拼凑成新观念，又如何以同样的方式将动物精神分配给肌肉，使肢体以各种形式运动，这既关乎感官对象，也关乎内在情感，就像我们的肢体可以脱离意志的指挥而运动一样。如果我们知道人造机器可以完成各种不同的机械运动，它与动物身上的骨骼、肌肉、神经、动脉、静脉相比较，除了很小一部分外，大部分的作用都相同，也就不会对此大惊小怪了。身体既然被视为一台由上帝之手制造的机器，它完美的秩序和令人惊叹的运动是任何人类制造的机器都难以比肩的。

　　这里我想说明的是，如果真的有一台具备猴子或其他无理性动物的器官和外形的机器，我们必然知道它与这些动物本质上是不同的；而如果有一台外形与人体相似并且可以模仿人的动作的机器，我们必然可以确定两点，由此承认这台机器并非真正的人类[2]。第一，它们永远不能像人类一样使

　　〔1〕这里的专著指《世界》《论人》。
　　〔2〕动物等同机器的理论带来了一些令人不快的结果：据说笛卡尔的门徒、神学家尼古拉斯·马勒伯朗士先是踢了怀孕的狗，随后又斥责了诸如法国动物寓言作家、评论家让·德·拉·封丹，称他们只知道将自己的情感消耗在一台无情的机器上——而这台机器的发声仅仅取决于它被刺激的方式和位置，并非出于对人类疾苦的关心。

用文字或其他符号向别人表达自己的想法。我们或许可以想象出这样一台机器，它可以说话，甚至可以表达肢体动作，它的器官也会随着动作变化（例如，当我们触碰它的某一个位置时，它会回答我们要它所说的话；如果我们触碰它的另一个位置，它会述说它的一个功能，等等）。但是，我们难以想象这台机器能够将这些词语连成一句话，使其符合要表达的意思。但是，就算是最愚笨的人，都能做到这一点。第二，尽管这台机器在许多事情上和我们做得一样好甚至更好，但是在另一些事情上，它们必然无法胜任。于是我们发现，它们并非有意识地行动，而只是因为它们的器官被特定的方式配置过。虽然理性是一种适用于各种场景的万能工具，但机器器官的配置必须与特定行为一一对应，因此，机器不可能具备万能的器官，它的器官也无法像理性指导我们行动那样来帮助它应对生活中发生的所有事件。这就是我们可以用来确定人和动物的差别的两种手段。值得注意的是，即便是最愚笨的人，也不至于无法将词语串联成话语来表达自己的思想；相反，不论动物生来有多完美、多有天赋，它们也无法做到这件事。这并不是因为它们缺少器官——我们可以看到，喜鹊和鹦鹉也能像人类一样发声，但不能像我们一样表达——而是我们无法证明它们的话语能够代表其所思所想。虽然天生聋哑的人无异于被剥夺了发声器官的动物，但他们通常可以创造特定手势，使常伴自己左右的人或有时间学习他们语言的人理解自己。这不仅说明动物比人类缺少理性，而且证明它们根本没有理性[1]。因为很显然，人类只需要运用些许理智就能够表达；鉴于同类动物之间存在的差异和人与人之间存在的差异一样多，而

---

〔1〕笛卡尔很可能指蒙田在《为雷蒙·塞蓬德辩护》中对动物的推理能力的长篇辩护（《随笔集》）。

有些动物比另一些动物更容易训练，那么对于即便是最聪慧的猴子或鹦鹉也无法像最愚笨的或心智不健全的小孩（除非他们的灵魂与常人截然不同）一样表达这件事，确实令人难以置信。此外，我们千万不要混淆话语和自然动作，后者是激情的标志，可以被机器和动物模仿。我们也不能像古代思想家那样认为，动物可以说话，只不过人类不理解它们的语言罢了；如若这是真的，动物就能使自己被人类和其他同类理解，因为它们的许多器官与人类一样。还有一点值得注意，虽然许多动物在某些行为中展现出比人类更多的技能，但同一动物在许多其他行为中并没有展现出任何的人类技能。因此，动物在某方面胜于人类并不能证明它们具备智力，否则它们应该比我们中任何人都聪明，并在所有方面超越人类。相反，这就证明动物无论如何都不具备智力，它们根据器官的配置受本性驱动，就像钟表一样，仅由绳和弹簧组成，它虽然在计时和测时方面比人类更准确，但它不具备人类的智慧。

随后我论述了理性灵魂。不同于前文的对象，理性灵魂不可能来自物质潜力，它是被专门创造的。我论证了灵魂并非像船上的领航员一样置身于人体之中[1]，除了可以移动四肢以外，为了产生人类所拥有的情感[2]和喜好，它还需要与人体更紧密地结合，由此构成一个真正的人。我想在此探讨关于灵魂的问题，因为它是至关重要的。在一些人错误地否认上帝的存在之后（我认为我已经充分驳斥了他们的观点），有人假设动物灵魂的本质与人类灵魂一样，因此，我们同苍蝇蚂蚁一样，对身后之事不必有恐惧或指望。在我看来，再也没有什么观点比这更能让软弱的心灵偏离道德的窄道。但若我们了解蚂

---

[1] 出自亚里士多德《灵魂论》（*De Anima*）。

[2] 情感：sentiments，这个词既可以表示情感，也可以表示信念。

蚁和苍蝇与我们有多大不同之后，我们就可以更好地理解为什么我们的灵魂在本质上完全独立于我们的身体，它不像身体那样受死亡的辖制。鉴于我们不知道任何其他使灵魂毁灭的原因，我们自然可以推断灵魂永存不灭[1]。

---

　　[1] 吉尔松在《笛卡尔·谈谈方法》中指出，笛卡尔只能声称灵魂不朽，因为他的"持续存在"完全依赖于上帝。

第六章

三年前，当我写完那部包含以上内容的论著，正要着手修订并交付印刷时，我了解到我所尊重的一些人——他们的权威对我行为的影响不亚于我的理智对我思想的影响——批评了一位学者早先发表的一项物理原理[1]。而我不想说自己赞同这项理论，但在他们发声谴责之前，我确实未在其中发现任何对宗教或国家有害的内容。这令我担心或许我的观点中同样存在问题，尽管我总是倾注极大的耐心，从不接受没有确切证据的新观点，也不阐述任何可能对他人不利的内容。这足以使我改变此前希望发表理论的决定。虽然此前促使我决定发表的原因非常强烈，但是现在的倾向总让我厌恶写作"生意"[2]，所以立即使我找到了大量别的理由原谅自己改变决定。这些理由无论是赞成还是反对，都使我有兴趣在这里将它们列出来，或许公众也有兴趣了解它们。

我素来不重视自己的思想成果，并且只要我没有从自己所用的方法中收获其他成果（除了使我满意地解决了思辨科学的难题或尽力按照它灌输给我的观念来指导我的生活），我绝不认为有著书立说的必要。每个人都确信自己最了解为人处世的道理，但是如果人人都像奉了上天之命，如同凌驾于人民之上的君主或得上帝恩赐、满腔热诚的先知一样，那人人都是改变世界的改革家

---

〔1〕指伽利略的《关于托勒密和哥白尼的两大世界体系的对话》（1632年），这部作品为圣公会所谴责。

〔2〕生意：me' tier。这里笛卡尔的贵族意识十分明显。

了。虽然我的思想使我满足和愉悦，我相信他人的观点也许会使他们自己更愉悦，但是，当我获得了一些对物理学的一般看法，并以特定问题验证它们的时候，我立刻发现它们的应用方向与我至今运用的原则有多么不同。我认为只要这些知识在我的能力范围之内，我就不能把它们隐藏起来，否则就极大地违反了为全人类谋福利的原则。因为这些物理观念与学校教授的思辨哲学不同，它们可以转化为实践。它们使我明白，我们有可能获得一些对人生非常有益的知识，使我们可以像了解工匠的不同技艺一样，清晰地掌握水、火、空气、星体、宇宙及周围其他物质的力量和作用，并将它们运用到合适的用处上，从而使我们成为自然的主人和所有者[1]。我们将要发现的无穷的技艺，不仅使我们可以毫不费力地享受地球的产物和其中所有能找到的好东西，最主要的是使我们保持健康，这毫无疑问是人类的最高利益，也是其他一切生活产品的基石。因为就连思想，也在很大程度上依赖于身体器官的气质[2]和性情。如果能找到一种使多数人变得更智慧、更有能力的方式，我认为必定要在医学中去寻找它。不可否认，当前的医学没有太多出众之处。虽然我不想诋毁医学，但我确定，包括医学从业人员在内，没有人会否认人类目前已知的医学知识远远少于未知的知识，甚至几近为零。如果我们掌握了足够多疾病的成因，充分了解了自然提供给我们的治疗方案，我们就能从各种身体和思想的病痛中解脱，甚至免于衰老[3]。因此，我意在将

---

〔1〕笛卡尔希望人类能够成为自然的主人和所有者，这与弗朗西斯·培根在《伟大的复兴》和《新工具论》中提出的观点一致。

〔2〕气质：tempe' rament，前文四种气质的组合，因人而异。

〔3〕延长生命是炼金术的目的之一。

自己的生命奉献给这个不可或缺的知识分支，而且除非我受生命短暂或缺乏经验所阻碍，否则这条道路终将引领我找到这些知识。我想，克服以上两种阻碍的最好办法就是，如实与公众交流我们的所得，并敦促有识之士根据自身的兴趣和能力，通过进一步的观察实验，同样如实地将自己了解到的所有知识回馈给公众。如此一来，后人才可以站在前人的肩膀上，将许多代的生命和努力联合到一起，这样，我们可以共同取得个人力量难以取得的更大进步。

我特别注意到，当我们某方面的知识越丰富，实验就变得越重要。而且比起罕有的、精密的东西，我们最初的实验对象最好选择那些与感官直接相关的、我们稍加思考后就能有所领悟的东西。这是因为，在我们不知道更普遍的原因时，少见的经验常常会误导我们，而且它们所依赖的条件几乎总是特定和具体的，我们很难注意到。就这一点而言，我坚持如下顺序：首先，我要尝试找到一般性原理或者一种事物存在或可以存在的主要原因，除了创造万物的上帝外，我不考虑任何其他因素，而我们的灵魂中自然存在特定真理的萌芽，从其中可以发掘这些原理。其次，我要检验人们能从这些原因中推导出的最主要和最常见的结果；我似乎就是以这种方法发现了宇宙、天体和地球，并在地球上发现了水、空气、火、矿物和其他类似的物质——它们都是最常见、最简单的物质，因此也最容易被认识。紧接着，当我继续往下发掘更加具体的物质时，我面前出现了大量不同的事物，我认为单凭人的智慧是无法区分地球上已知的事物和可能存在的其他事物（若它们的存在是上帝的意志，也是如此）。因此，只有由果及因，以及通过独立实验，才能使它们为我们所用。然后，我将思绪放在了呈现在我感官面前的全部对象上，我敢说，我没有发现任何难以用我发现的原则解释的事物。但我也必须承认，自然的力量如此伟大，而这些原则是如此简单、普遍，以至于我很难发现任何具体的结果。我一开始并不知道它们可以根据不同的方式从原理中推导出来，通常我最大的困难是确定结果依赖于其中哪种方式。除了寻找性质相同的实验，根据不同结果确定它们依赖于何种原理外，我想不出解决这一问题的其他方式。至于余下问题，我现在可以清楚地看出，应从何种角度使大多数的实验达到这种目的。但我也清楚，实验的种类繁多，非我的精力和收入（即使现在我的收入增长千倍）可以满足全部。因此，我在追求自然知识上能前进多远，取决于从现在开始我能进行多少实验。我决心在以前所写的论文中讲明这一点，并明确指出公众可以从中收获的利益，我请求所有愿意为全人类谋幸福的人（即所有真正有道德的人，而不是沽名钓誉、虚有其表之辈），将他们已经完成的实验告诉我，并帮助我研究未完成的实验。

然而在那之后，另外一些原因使我改变想法，决定继续记录所有我认为重要的事情，即只要发现了某种真相，就立刻将它们记录下来，也不管日后是否将它们公之于众，都应当小心谨慎地对待。为了有更多机会反复推敲自己的结论（毫无疑问，我们总是对那些可能写给别人的东西小心翼翼，而对写给自己的东西马马虎虎；有些内容在我思考时觉得似乎是真的，一旦付诸笔头又觉得似乎是错误的），也为了不错失任何使公众受益的机会，所以如果我的写作尚有几分价值，那么在我死后，得到它们的人都有权利运用它们。但我决定，在我有生之年绝不发表它们，以免浪费我打算用来获取知识的时间，或避免可能招致的反对和争议，以及任何名誉的损坏。诚然，每个人都应当在能力范围之内为他人谋福利，如果一个人对他人毫无用处，那他在真正意义上不具备任何价值。而且，我们的努力必须超越现在，就算我们因此忽略了一些可为当代带来益处的事情也是可以接受的，因为我们的目标达成之后，将为子孙后代带来更大的益处。我还希望大家知道，比起未知的和我尚未放弃希望去了解的知识，我迄今为止所了解的那一点知识可以说是九牛一毛。那些在科学中一点一点发现真理的人，在他们的知识变得富足时，他们不费多大气力就能大有收获，而不像以往知识贫瘠时，即使大费周章也难有收获。我们也可以将其比作军事作战，军事力量与胜利的概率往往成正比，在战败后通常需要更多技巧来维持自己的阵地，而大捷之后再攻城略地自然不在话下。因此，我们努力克服一切妨碍我们认识真理的困难和错误就相当于在打仗，当我们在一个相当普遍且重要的问题上接受了错误观点时，就等于战败，此后，我们需要更多努力来重获我们此前的阵地，而如果我们已经拥有确定的原理，我们就能更轻松地取得巨大进展。对我来说，如果我目前发现了许多科学真理（我希望本书的内容能使人们相信我确实发现了一些），我可以说这仅仅是因为我克服了五六个主要困难，也可以说打了五六次胜仗。我甚至可以推测，只需要再克服两三个类似的困难，我就可以完全实现自己的目标。而我还不算太老，按照正常情况来说，我还有足够的时间去完成这一目标。但是，我越是希望充分利用余下的时间，我就越觉得自己有义务谨慎地支配它。毫无疑问，一旦我发表我的物理学的原理，我必然会浪费很多时间，即虽然我的每一条原理几乎都是确切无疑的，而且没有一条原理不能被我证明，但我深知，不可能我的每一条原理都与他人观点一致，所以我预见我会受到种种反驳，因而经常从工作中分心。

有人可能会说，反对的声音是有益处的，它可以使我更好地理解自己的错误；而如果我是正确的，它便能使他人更好地理解我的理论，而且许多人必定比一个人看得更广，他们在使用我的理论时所发现的新理论也可以帮助我。诚然，我极易犯错，而且几乎从不相信脑海中出现的第一想法，但是我的经验告诉我，不要期待从别人的反驳中有任何收获。我经常受到批评，这些批评除了来自那些我视为朋友的人和我漠不关心的人，还有其他特殊的人，后者往往怀着恶意与嫉妒，致力于揭露我的朋友们出于偏爱而忽视的地方。但是，他们提出的反对意见很少在我的预料之外，即使有，也根本与我的工作无关。因此，我几乎从未遇见过比我自己更加严苛和公正的批评家；我也没有通过学院中实践的辩论[1]发现任何从前未知的真理。因为只要参与方试图赢过另一方，他们就更在乎如何使似是而非的观点合理化，而不是权衡论述的正反面，这就如同经验丰富的律师并不一定能够成为公正的裁判一样。

至于他人能从与我思想的沟通中获得的好处，也许不是很显眼，鉴于我还没有把思想发展完善，在付诸实践之前还需要补充一些内容。毫不虚荣地说，我相信如果有人能够承担这项事业，那也绝对是我而非别人。这并非因为世上没有比我更好的头脑，而是因为没有人比我更了解一件事，即当我们是从他人那里得来知识而不是自己发现知识时，我们根本不能很好地掌握这种知识并将其变为自己的知识。确实如此。虽然我常常向一些非常聪明的人解释我的某些观点，而他们在听我讲述时看起来也是了解得非常清楚，然而当他们向我复述时，我发现他们几乎总是以某种方式改变了我的观点，以至于我不再承认那是我的观点。我想趁此机会告诉后人，除我亲自公布的内容外，永远不要相信别人口中的我的观点就一定来自于我。对于那些没有作品流传于世的古代哲学家被冠以许多荒诞不经的思想，我并不意外；我也不会由此推断他们的想法是不理智的（因为他们是他们那个时代最智慧的代表），只能说他们的作品并没有被准确地呈现在我们面前。我们也知道，他们的门徒

---

〔1〕有关笛卡尔对辩论的强烈保留意见，见法文版《哲学原理》序言。

几乎没有一人超过他们；我也相信，当今最狂热的亚里士多德追随者如果能拥有与亚里士多德一样多的自然知识，就会认为自己幸运至极，即使他们永远也不会更进一步。这些追随者就如同藤蔓一般，永远不会超过支撑它们的大树，而且一旦它们到达树顶，常常会向下生长。于我而言，现代亚里士多德学派也在走下坡路，也就是说，他们再不学习，就会以某种方式变得更加无知。他们不满足于经典中所解释的一切，希望额外在著作中找到许多前人没有提及的问题或可能从未考虑过的答案。其哲学思想的形式非常适合平庸之辈，因为他们使用的范畴和原则都晦涩不明，这也使他们可以大胆谈论所有领域的知识，就好像他们真的懂得一样；他们还为他们所说的一切辩护，并反对最尖锐的理论，而且无人可以说服他们。这样的人就好像盲人一样，为了与看得见的人平等竞争，就将他们引诱至最黑暗的深渊去。可以说，正是因为这些人的"利益"，我放弃发表我所运用的哲学原则。一方面，因为它们非常简单、明确，一旦它们得以发表，就相当于为坠落深渊的人打开了一扇窗户。另一方面，就算是最聪明的人，也不必急于了解我的原则。因为如果他们想要借此谈论诸事，获得博学的美名，那么他们只需满足于似是而非的道理即可。这比他们追寻真理更容易实现，因为万事万物中都不难找到这样的道理，而真理仅仅为少数人所知，并需要他们在讨论任何问题时都能坦承自己的无知。如果他们倾向于追求少数真理，而不是为了假装知道所有事情的虚荣心（前者毫无疑问是更可取的），或者希望追求和我一样的事业，那么也不需要我再说些什么，因为我已经在这本书中说得足够多了。在我看来，如果他们能够超越我所取得的成就，他们毋庸置疑是有能力自己发现我所发现的任何事情。要知道，我向来都是有序地审视事物，那些待我发现的事物必定比我迄今发现的事物更加困难和深奥。如果他们想从我这里而不是自己去发现知识，那么其中的乐趣将会减半[1]。此外，他们可以养成习惯，首先查看简单事物，随后循序渐进到其他问题，相较于我的指导，越复杂的问题对他们就越有用处。于我而言，我相信如果早年间有人教授我所有我一直试图证明的真理，使我在学习中没有遇到任何困难，那我大概永远不会认识其他真理，至少我永远不会养成现在的习惯，这种习惯使我在探寻真理时永远不会失手。总而言之，如果这世上存在一项任务，没有任何人能比开始这项任务的人更好地完成它，这项任务就是我正在从事的工作。

诚然，实验对完成这项任务颇有助益，但是仅凭一个人的力量是无法完成所有事情的；而且除了自己外，他很难假借他人之手来有效地完成任务，除非是工匠或他所雇用的人，对利益的渴望（非常高效的刺激）会促使他们一丝不苟地按照他的要求去完成。至于那些不论是出于好奇或学习的渴望而主动帮忙的人，他们的承诺往往比实际付出的行动更多。他们还会提出难以完成的建议，并不可避免地希望有所回报，比如为他们讲解某个问题或至少恭维几句、做些乏味的应酬，这显然会花费他许多时间。至于别人已经完成的实验，即使他们愿意交流自己的成果（将其视为秘密的人绝对不会公开[2]），也在最大程度上引入了许多依赖条件和冗余的元素，使他人很难确定其中的真理。此外，他会发现，基本上所有的实验结果都不堪解释甚至是虚假捏造的。因为实验者试图使结果与自己的原则一致，退一万步来说，即使一些实验可以为他所用，它们也不值得他花费时间挑拣。因此，如果世上有人被公

---

〔1〕笛卡尔曾考虑发表其物理学著述，后来却改变了心意。他这样做似乎是为了阻止别人声称在继续他的研究。这种做法与他为通信者设置非常困难或不完整的几何问题相似。

〔2〕指炼金术士的做法。

认为确实有能力作出对公众有益的重大发现，他人尽一切可能帮助他实现计划，那么在我看来，别人除了为他提供实验所需的经济支持，并保证不让他的时间浪费在不必要的拜访上以外，应该也帮不上其他忙了。但是我还不至于如此高调，保证自己能得出重大发现，我也不想沉溺于虚荣的假想，期待公众对我的计划抱以莫大的兴趣，我更不会低声下气地接受任何人提供的任何我不配享有的帮助。

所有这些考量都使我在三年前[1]拒绝发表手头的那部作品，甚至决定在有生之年不发表任何其他概述作品，或是任何可以让他人从中窥得我的物理学原理的作品。但是，另外的两点理由使我在这里收录了几篇个人论文[2]，向公众透露我的一些行动和计划。第一点理由是，许多人知道我早年有意发表某些作品，如果我不作些说明，他们会怀疑我放弃出版的原因，比起言而无信，这种怀疑的原因更容易使我名誉扫地。我不过分热衷荣誉，甚至可以说是仇恨荣誉，因为我认为它是宁静的对立物，而我将宁静视为最有价值的特质。我从未试图掩盖自己的行为——这就像犯了罪似的，我也不会采取过多措施来阻止自己为人所知；我认为这不仅对自己不公平，而且这样做也会给我带来一丝不安，这就与我所寻求的心灵的宁静相悖。再则，虽然我始终对名誉全不在乎，我也无法避免获得一定的好名声，但我至少要尽自己最大的努力避免获得坏名声。另一个使我发表的理由是，鉴于手头的实验无穷无尽，我发现寻求知识的计划不得不一天天推迟，因为我需要进行大量的实验；如果没有他人的帮助，我一人很难完成这么多工作。虽然我不奢望公众

---

〔1〕1634年。笛卡尔可能指1634年4月的公开信。
〔2〕即《折光》《气象》和《几何》。

会和我兴趣相投，但我也不想辜负自身设定的目标，否则总有一天后人会抱怨我没有给他们留下更多更好的成果——倘若我没有使他们知晓如何才能帮助我完成我的计划。

对我来说，要选择几种材料，既不会引起争议，也不会强迫我违反自己不愿意公开的原则，并能清晰地揭示我在科学方面的所能和所不能，是很容易的。我不清楚我的工作成功与否，我也不想通过谈论自己的作品来歧视他人的判断。但我很乐意将它们暴露于大众面前，这样公众能更自由地进行评判。我恳请所有持有异议者将自己的意见寄给我的出版社，一旦阅读了你们的意见，我会尽量在第一时间给出回复。这样，读者可以同时阅读异议和回复，就更容易对真理作出判断了。我不会给出长篇大论的回复，如果我发现错误，我会坦率地承认；如果我认为自己没有错，我会为我的作品作简短的辩护。但我不会进一步解释任何新问题，以免没完没了地从一个话题扯到另一个话题上去。

我在《折光》和《气象》开篇中讲述的一些内容，由于我称其为"假设"，而且没有留心到它们的证据[1]，读者初看时可能会感到奇怪；我希望你们能耐心地读完这本论述，并对此感到满意。于我而言，我的论证互相遵循这样的逻辑：若前者即原因，可以证明后者[2]，则后者即结果，也能反证前者。人们不应认为我在这里推翻了逻辑学中的"循环论证谬误"。因为经验证据完美证实了这些结果，而我推导它们所依靠的原因，与其说是用以证明它们，不如说是用以解释它们；反之，就是结果证明了原

---

〔1〕目前尚不清楚这与他声称从基本原理推导出所有东西有什么关系。
〔2〕这里指所谓的"回归分析"逻辑过程（即从结果到原因的论证过程）。

因。而我称其为"假设"，仅仅是为了让大家知道，虽然我认为可以从上文解释的基本事实中推断它们，但我决意不这么做，以防某些思想家抓住机会，在他们对我的原则的理解之上，建立一些稀奇古怪的新哲学，而我要为此负责。这些思想家往往认为，只要一个人就某一特定问题告诉他们两三句话，他们就能在一天内掌握别人花二十年时间才得出的思想成果。这种人越有洞察力、越活跃，就越容易犯错，他找寻真理的能力也越弱。至于完全属于我的那些观点，我并不为因为它们是新的而感到抱歉[1]；因为如果人们仔细考虑支撑它们的论据，我相信他们会发现我的观点是如此简单，如此合乎常识，它们并不比人们在同一问题上可能提出的其他观点更特殊和古怪。我不自夸它们是我的发现，但我确实要声明：我接受它们并非是因为它们已经或尚未被别人发表，而是因为理性以其真实性说服了我。

如果工匠不能立刻按照《折光》中的讲述造出新的发明，我也不会因此认定这一内容不好。鉴于制造和装配我所描述的机器需要技巧和实践，并且不能遗漏任何细节，如果工匠第一次尝试就成功了，我会像是看到有人仅仅因为得到了一份好乐谱便在一天之内学会弹奏六弦琴一样惊讶。如果我用母语法语写作，而不用我的老师的语言拉丁语写作，那是因为我希望比起只以古籍为信[2]的人，那些运用自己纯粹的自然理性的人可以更好地评判我的观点。至于那些能把理性与实践相结合的人，则是我期待的评判者，我相信

---

〔1〕在笛卡尔时代，对古代学问的崇敬是"科学"活动的支撑。因此，这是一份独立而大胆的声明。

〔2〕这里与一句宣扬哲学自由的短语"没有义务向任何主人宣誓效忠"（nullius addictus iurare in verba magistri）有相似之处。

他们不会因为偏爱拉丁语而拒绝了解我用通俗语言写成的理论。

此外，我不想在这里详谈关于自己未来希望在科学上取得哪些进展，也不想对我不确定能否实现的事情向公众作出任何承诺。我只想说，我已决定仅将余生献给追求自然知识，这些知识将推导出一些比我们目前所拥有的更加可靠的医学规律。我的倾向已然强烈到阻止我从事任何其他计划，尤其是那些只能通过伤害一些人来帮助另一些人的计划[1]；如果迫于形势我必须从事此类事业，我相信我不会成功。因此，我在此作出声明，我知道这不会使我在世间受人尊敬，但我也无意于此。我将永远感激那些帮助我自由自在享受我的闲暇的人，而不是那些为我提供高官显位的人。

---

〔1〕吉尔松认为笛卡尔想到了军事工程，见吉尔松《笛卡尔·谈谈方法》。

附录二　探求真理的指导原则

图为笛卡尔《论人》中关于神经系统的示意图之一，该书于笛卡尔死后的
1664年才得以出版。

原则一

**研究的目的应当是指导思想，它使我们对面前一切事物
做出正确合理的判断。**

无论何时，当人们注意到两件事物的共通之处时，都会将一物中发现的
真理同样归以另一物，全然不顾二者的不同之处。因此，他们错误地将科学
与艺术进行比较，殊不知前者纯粹是大脑认知实践的产物，后者则依赖于身
体的运用和处置。人们清楚同一个人不能掌握所有艺术，但若他将精力局限
于其一，就更容易成为该领域的大师。这就好比，一个精于丝竹管弦的人，
往往并不擅长农业生产以及其他领域。因此，人们认为科学也应如此。于是
他们将科学分门别类，认为每一门科学都孤立于其他科学而存在，都应该被
单独学习。但这显然是荒谬的。因为科学就是人类的智慧，而智慧永远是独
一无二的，所以无论科学应用于哪一门学科，都不存在任何区别，就好比对
于阳光来说，它普照下的万物都是一样的。所以，我们根本不必将思维局限
于某寸天地之间，因为发现一项真理与掌握一门技艺不同，它不会妨碍我们
探求其他真理，反而会帮助我们。当然，令我诧异的是，许多人醉心于研究
人类习俗、植物的特性、星体的运转、点铅成金之术，以及诸如此类的科学
对象，却无人知道其中涉及的是良知，或者说智慧。

而其他所有研究之所以值得推崇，与其说是因为它们自身的价值，不
如说是因为它们对智慧有所贡献。因此，我们将这一条原则作为第一条原则
是有道理的，因为没有什么能比将我们的研究引向其他目的而不是普遍目的
更容易使我们偏离寻求真理的正确道路了。这里，我指的不是如空洞的荣耀

据传，笛卡尔年轻时参加过"三十年战争"，他希望借此更清楚地了解世界与人类。

或卑鄙的利益之类不正当的、应受谴责的目的；显然，适合粗浅理解的虚假的推理和模棱两可的话术，比对真理的合理领悟更直接地将我们引向这类目的。我要说的是那些更崇高更值得赞扬的目的，它们往往更容易误导我们进入一个微妙的思潮之中，似乎我们探求科学是为了使生活更舒适便利，是为了通过静观真理而获得乐趣——虽然这种乐趣或许是生活中唯一纯粹的、不被任何苦痛冲击的快乐。我们固然期盼合理收获探究科学带来的果实，但是如果我们在研究过程中有所思考，便会发现，我们往往忽略了另外一些东西——仅仅因为它们看上去毫无价值或不能带来利益，但这些东西很有可能是理解其他事物的必要条件。因此我们必须相信，一切科学都是紧密联系的，整体地研究它们会比将它们割裂开来更容易。如果有人希望以严肃、诚挚的态度来探求某事的真理，那他不应该挑选某一个具体的学科来研究，因为所有学科之间都是相互联系、相互依存的；他应当思考如何增进理性的自然之光——不是出于解决经院哲学这样或那样的问题，而是他的理智可能引导他的意志，使他在面临人生的种种问题时能够做出正确的抉择。不久之后，他会惊讶地发现，比起那些研究特定目的的人，他获得了更大的进步，因为他不仅收获了他们追求的所有，还取得了超过自己预期的更高的成就。

原则二

**唯有在我们智力所及范围内的那些确切的、毋庸置疑的
知识，才值得我们关注。**

科学整体上是真实而明确的认知。对许多问题存疑的人，并不比那些从
不思考这些问题的人知道得更多；如果他在某个问题上形成了错误观点，那
他可能比后者更无知。因此，与其让自己陷入艰深的难题，又因分辨是非的
能力不足而被迫将问题中的存疑之处视作正确的话，还不如根本就不去研究
它。因为在这个过程之中，削弱知识的风险远高于增长知识的希望。因此，
根据上述原则，我们拒绝所有"可能"的知识，主张只相信经过深入了解而
确定无疑的知识。毫无疑问，酷爱钻研的人会说，这样一来，确切的知识就
寥寥无几了。出于人性的通病，他们可能认为知识是极易获得并对所有人开
放的，这使他们忽视了通过思索来获得真理的过程。然而，我要告诉这些人
的是，真理的数量远远超出他们的想象，而且它们可以为数不清的命题提供
严谨的论据。而在此之前，人们对这些命题一贯秉持"或然"的态度。此
外，他们深以为博学之士如若承认自己在某方面的无知便会非常难堪，因此
他们惯于粉饰自己的错误论据，最终连他们自己也逐渐信以为真，把它们当
作真理推广给公众。

但是，如果我们真正遵循这项原则就会发现，仅有少数合理的对象可以
研究，因为科学领域中鲜有不饱受学者争议的问题。但是，无论何时，每当
有两个人在一个问题上持相反意见时，他们中至少有一个人是错误的。而且
显然，他们中没有一个是真正了解这个问题的，因为如果有一个人的推理是

合理而清晰的，他必然可以将其置于另一个面前，成功地使其信服。因此，我们显然无法从"可能"中获取真知。如果我们认为自己可以轻易获取比前人更多的知识，那无疑是轻率的。因此，如果我们正确地审视已经发现的科学，那么依照这项原则，就只有算术和几何算得上准确无误了。

然而，我不是在谴责别人已经发现的哲学方法，或是贬损经院学者的武器——适用于论证法的三段论。三段论确实锻炼了年轻人的智慧，并在他们之间产生竞争，起到了刺激作用。对年轻人来说，接受此类观点的洗礼总好过完全放任他们摸着石头过河，尽管这些观点并不确凿，而且在学者之间也是备受争议的对象。人在缺乏引导的情况下很可能误入深渊，但年轻人只要跟随导师的步伐——尽管可能时不时走些弯路，他们就绝对能找到一条更安全的道路，因为这条路已经被更明智审慎的人探索过了。我自己很庆幸，早年间接受了经院哲学的教育。但是现在，我已经从曾经宣誓效忠的道路中跳脱出来。这条旧路曾将我们束缚在导师的思想之中，但随着年岁渐长，我们早已不再受师长戒尺的约束。如果我们真心希望为自己建立新原则，帮助我们攀登人类知识最高峰，我们就必须将这一原则视为首要原则之一，而不要像许多碌碌无为者那样浪费时间，忽略所有容易完成的问题，固执地醉心于难解的问题。这是因为，尽管他们确实提出了各种微妙的猜想，并以极大的智慧精心阐述了最似是而非的论点，但他们经常发现，在他们做出一切努力之后，他们只是徒增了许多疑惑，而没有收获任何知识。

现在，让我们像刚才那样更仔细地解释，为什么说迄今为止所有学科中，只有算术与几何是没有任何错误和不确定性的。我们必须注意到帮助我们探寻事物真理的两种途径，一是经验，二是演绎。我们还需注意，经验之谈常常引我们落入谬误的陷阱，而由某物推及他物的演绎或纯粹推理虽然可能被忽略，或无法被完全理解，但如果用一种最小程度上属于理性的理智去运用它，就不会是错误的。在我看来，辩证家声称支配人类理性的那些逻辑手段对此并无多少裨益，不过我也不否认那些约束可能适用于其他目的。我之所以这样说，是因为人类（而不是动物）可能发生的任何错误都不是来自荒谬推理，而仅仅是由于我们根据不完全理解的经验发现的事实，或者提出的命题是仓促和毫无根据的。

由此可见，算术和几何之所以相较于其他学科更具无与伦比的确定性，是因为它们的研究对象简单纯粹，绝对不会使人误信那些经由经验证明尚不确定的命题，它们的结论只需完全遵循理性演绎即可。就此而言，二者十分简单明了，易于掌握，而且它们的研究对象也符合我们的要求；人们几乎不会在这两门学科中失误，除非因为他们自己的疏忽。即便如此，如果有人仍然愿意倾其才智于其他技艺或者哲学，我们也不必感到惊诧。因为人们宁愿在一些名不见经传的问题上作天马行空的猜想，也不愿意对一个极其简单的问题探究其真理，前者实施起来容易得多了。

当然，我并不是说只有算术和几何这两门学科是值得研究的，而是说，如果在寻觅通往真理的正确道路上，当我们无法在其他研究对象上获得如算术和几何所呈现的那种确定性时，便大可不必浪费时间去思考它们。

原则三

至于意在研究的学科，我们的问询应该关注我们能清楚
明白地发现什么或能从演绎推理中获得什么，而不是他人思
考什么或我们推测出什么。除此之外，探求真理别无他路。

研究前人的著作是可取的，充分利用无数先贤的智力成果实是为我们自己行方便。这既能使我们获取前人探求到的正确知识，又能提醒我们众多学科之中还有许多内容尚待挖掘。不过，若我们沉醉于这些作品不可自拔，就会有很大的危险，即便百般设防，我们也难免受其中的谬误蒙骗。这也正是作家们的惯用手法，若他们在某个备受争议的问题上轻率地选择了立场，他们就会运用微妙的论据说服人们相信。反之，若他们幸运地发现某些明确的道理时，他们往往会闪烁其词，唯恐真理一旦泄露，其简洁明了的解释会使人们看轻他们的发现，或者说，他们不愿让我们窥得真理的全貌。

此外，即使他们所有人都真诚坦率，从不把存疑的观点当作真理强加给我们，而是以诚挚的信念阐述每项问题，仍然少有某人提出某项观点而不被他人驳斥的。我们永远无法判断哪一方是值得信任的。一方面，我们也不必计数唱票，通过这种方式来权衡不同观点的权威性，因为当人们对一个难题产生争议时，真理往往掌握在少数派手中。即使多数人观点一致，他们所列举的论证也不足以说服我们。另一方面，即便我们将他人推演的数学论证熟记于心，我们也算不上数学家，因为凭借我们的才智不足以解决全部问题。同样，即便我们熟知柏拉图和亚里士多德的一切哲思，我们也不能成为哲学家，因为我们无法对所有事物都做出确切的判断。也就是说，我们只是掌握了前人之经验，而非科学之道理。

此外，我们必须杜绝一切将猜想与事物真理混为一谈的行为。这一警告并非无关紧要。我们不会在一般哲学中发现任何清晰明确、无可争议的论断。这是因为学者不满足于解释清晰明了的知识，而偏爱对晦涩难懂的理论妄下断语，因此这些理论只是通过可能的猜想而得出的。后来，他们自己也逐渐深信不疑，并将它们等同于真理，因此他们再也无法脱离此类命题而进行推论，所得结论自然也是不确定的。

我们将在此逐一审视人们能够运用的全部精神活动，它们不掺杂任何恐惧或幻觉，可以帮助我们到达事物真理的彼岸。在这里，我只谈其中两个，即直觉和归纳〔此处的"归纳"（inductio）应为"演绎"（deductio）〕。我理解的直觉，并非指起伏变化的五感，也不是想象所盲目构建的错误判断，而是明朗专注的心灵构想，这种构想简单独特，能使人们不再怀疑自身所领悟到的道理。或者说，直觉是明朗专注的心灵所产生的毋庸置疑的构想，理性之光是它的唯一来源。它比演绎本身更确切，因为它更简单，尽管我们说，人们不可能作出谬误的演绎。因此，每个人心中对"他存在，他思考"，"三角形由三条边构成"，"圆存在于一个平面中"等命题有一种直觉。此类命题的数量远远超过人们的设想，因为人们不屑于将注意力转向如此简单的问题。

不过，为了避免一些人对直觉一词的新用法存有微词，以及下文中我提到的其他偏离常义的词语用法，我必须在此作出声明：我并不关注这些词语近来一般用于何种场景，因为我的理论与前人的完全不同，所以我难以诉诸相同的术语；我只能考虑词语的拉丁语义，若是实在缺少合适的术语，我只好按照自身需要来定义我想表达的词义。

不过，直觉的证据和确定性，不仅在陈述命题中是必需的，在进行发散式推理中也是必需的。例如，2+2等于3+1，这一结论需要直觉得出2+2=4，3+1=4，还要从这两个命题中得出第三个命题。因此，我们会存有疑问，为什么我们还提出了除直觉外的另一种认识方法，即演绎。我们所指的演绎是从已知确定的事物中可以推演出一切。这是不可回避的一项，因为许多我们已经确定的事物，虽然其自身并不明晰，但都是经由已知真理推断而来的，是经由求索过程中大脑通过持续不断的每一步思维活动得来的。比如我们知道，在一条长链中，最后一个环节与第一个环节是相扣的。尽管我们并没有通过同一种视觉行为来了解这一环节所依赖的所有中间环节，但请记住，我们已经把它们逐次察看了一遍，其每一个独立的个体都是与相邻的个体相结合的，从第一个直到最后一个。因此，思维直觉与演绎的区别在于，我们设想演绎中包含运动或某种前后相继的关系，而直觉中不存在此类关系；另外，演绎并不像直觉中必定存在明确可见的证明，其可信性是从记忆中以某种形式提取而来的。因此，凡是从初始原理中得出的命题，或由直觉，或由演绎得出。这与我们个人观点的产生过程完全不同。然而，初始原理本身仅能通过直觉得知，而延伸的结论仅能通过演绎得知。

这两者是获取真理最确实可靠的途径。理智不允许我们诉诸其他途径。我们应该舍弃其余所有被认为可疑的、存在谬误的道路。但是，我们不能因此认为，任何神明的指示都比我们已知的真理确切，因为信仰是一种行为，它常常涉及许多晦涩不明的问题，它与我们的理智无关，而与我们的意志相关。若信仰在于悟性，那么其根据必然主要通过上述两种途径获得。之后我们也许会更充分地论述这一点。

原则四

方法，对于发现真理是十分必要的。

　　人类的好奇心是如此盲目，以至于他们经常沿着未知的路线进行探索，却毫无希望的根据，只想冒险去探索他们寻求的真理是否就在那里，就像一个有着寻找宝藏的强烈愿望的人，不停地在街上闲逛，试图在路人偶然掉落的东西中发现什么。这是大多数化学家、几何学家和哲学家从事研究的方法。我不否认，在这样的闲逛中，他们有时会特别幸运地发现一些真理，但我不认为这能说明他们更勤奋，这只能表明他们更幸运。但不管如何，不想去探索真理，比胡乱地探索真理好得多。因为毫无疑问，这种毫无章法的探索和混乱的思考只会混淆自然之光，蒙蔽我们的心智。那些习惯走在黑暗中的人，他们的视力会弱化到再也难忍受日光。这一点已经被经验所证实。因为我们经常看到一些从不研究学术的人，在一些显而易见的问题上所做出的决断，比那些一直待在学校的人更合理、更清晰。此外，我说的方法是指一些简单的原则，例如，如果一个人发现它们是正确的，他就不会再假设假的是真的，也不会再毫无目的地浪费精力，而是会逐步提高自己的认知能力，从而使自己真正理解他能力范围内的一切知识。

　　以下两点必须注意：一是不要把假的东西假定为真；二是要获取囊括一切的知识。如果我们对我们能够理解的任何事物一无所知，那只是因为我们从未发现获取这一知识的方法，或是我们陷入了相反的错误中。但是，如果我们的方法正确地解释了应该如何使用我们的心灵直觉，以免陷入相反的错误，以及应该如何发现演绎，以便我们可以得到所有事物的知识，那我看不出还需要什么使其更完整。因为我已经讨述过，所有的科学都是由心理直觉或演绎获得的。此外，毫无疑问，还需要进一步说明这些行动应该如何进行，因为它们是所有操作中最简单和最基本的。因此，如果我们不能理解它们，我们就无法运用这个方法里面所有的原则，即使是最简单的那种。但是，关于辩证法尽力指导的、充分利用先前经验的其他心理活动，在这里它们是毫无用处的，甚至被认为是障碍，因为没有任何东西能够被添加到在某种程度上不能被掩盖的纯粹的理性之光中。

从那时起，这种方法就非常有用，如果不使用它，可以说是弊大于利的。我完全相信，古人的智慧与这种方法互通，甚至是天性引导他们使用这种方法。因为在人类思维中，有一种我们可以称作神圣的东西，其中散布着有用的思考模式的最初萌芽。因此，经常发生的情况是，无论这些研究受到多大的忽视和干扰，他们都能自动得出结论。最简单的科学——算术和几何就是例子，因为我们有足够的证据证明，古代几何学家用一种分析方法解决了所有问题，尽管他们不愿意把这个秘密告诉后人。当今也盛行一种称为代数学的算术，在处理数字的时候，它的目的是达到古人在处理图形时所达到的成就。这两种方法只不过是从这里所讨论的学科的先天原则中产生的自发果实。我也不觉得奇怪，这些学科的内容如此简单，却能比其他学科取得更令人满意的结果，因为其他学科的发展受到更大的阻碍。但即使是后者，只要我们精心培养，果实一定会成熟的。

这是我这篇论文的主要结论。如果这些规则除了用来解决逻辑学家和几何学家惯于用来消遣的空洞问题之外毫无用处，我就不会对它们考虑太多了。这样看来，我唯一的成就似乎就是比别人更巧妙地讨论琐事。进一步说，尽管这里多次提到数字和图形（因为其他科学不会得到这样明显而确定的例证），但是，只要是细心考察我的论述的人就会发现，我在此阐述的不是普通数学，而是另一种学科——这些例证与其说是这种学科的组成部分，不如说是这种学科的外衣。这样一门学科应该包含人类理性的基本原理，并且它的领域应该延伸到每一个学科中并引出真实的结果。坦率地说，我相信，作为所有其他知识的来源，它比前辈遗留给我们的任何其他的知识工具更有力量。但是，关于我提到的外衣，我不是为了掩盖我的方法而使别人看不见；相反，我希望装饰和美化它，让它更容易被人类的心灵所接受。

当我第一次专注于数学时，我首先阅读了人们通常阅读的著名数学家的大部分作品，并且特别关注算术和几何，因为据说它们是最简单的，是通往其他所有学科的道路。然而，在这两个学科中，我都没有遇到完全满意的作者。我确实从他们的著作中了解到许多关于数字的命题，并在计算中发现这些命题是正确的。至于图形方面，它们从某种意义上向我展示了大量的真理，并使我从某些结果中得出结论。但是，他们似乎没有向我们的心灵解释，为什么这些结论会是这样，以及他们是如何发现这些结论的。因此，有许多人，包括一些天才和饱学之士，在接触这些科学之后，要么认为它们空洞和幼稚而放弃它们，要么认为它们过于困难和复杂而从一开始就打消了学习它们的念头，对此我并不感到惊讶。因为没有什么能比让自己陷入光秃秃的数字和想象的图形——以使自己满足于这种琐事，并因此求助于那些更多是出于巧合而非技艺所发现的表面的论证——更徒劳无益的。这些论证更多是通过眼睛和想象而非理解发现的；从某种意义上讲，它不是通过理性发现的。我想补充说明的是，没有比用这种方法证明新出现的问题更困难的任务了，因为它们涉及数字的混乱。但是当我后来想到，为什么在过去的时代，最早的哲学先驱拒绝接受任何一个不精通数学的人研究人类智慧，显然这是因为，他们相信数学是最简单、最不可缺少的脑力锻炼，并为掌握其他更重要的科学做准备。事实上，我认为他们并没有完全掌握数学，因为他们对微不足道的成就表现出的不理智的狂喜和夸大其词的感恩，都体现出了他们是多么地孤陋寡闻。虽然古人用他们的机器制造了很多东西，但是这一事实并没有动摇我的想法。这些机器往往非常简单，但无知和热衷奇迹者很容易把它们奉为奇迹。但我相信，大自然植入人类头脑中的某些原始真理的萌芽，尽管现在已经被我们日常读到的、听到的各种各样的错误扼杀了，但是在质朴和原始的古代世界具有非常强大的生命力。因此，这种精神启示使他们意识到，美德比享乐重要，荣誉比功利重要，虽然他们不知道为什么这样；这也使他们即使不能完全掌握哲学和数学，就已经认识到它们的真实概念。事实上，我似乎在帕普斯和丢番图身上发现了这种真正的数学的某些痕迹。他们虽然不属于最早的时代，但他们生活的时代却比我们早了许多世纪。但在我看来，这些作者以一种卑鄙的狡猾，甚至可悲的手段压制了这些知识。他们的行为可能和许多发明家在他们的发现中所做的一样——他们担心自己的方法过于简单而遭到贬低和泄露，所以他们宁愿展示一些空洞的真理来作为他们技艺的成果。他们企图借助这些成就赢得我们的钦佩，而不是向我们展示真正的技艺，他们担心失去以后获得钦佩的机会。最后，在当下也有一些天赋异禀的人试图复兴这种技艺，它似乎正是以"代数"这个阿拉伯名词闻名的科学。只要我们能把它从浩如烟海的数字和令人费解的图形中解救出来，它就可能显示出我们想象中数学应该有的清晰和简单。

正是出于这些思考，使我从算术和几何研究转到了对整个数学的研究。随即，我想弄清楚该术语的普遍含义是什么，以及为什么不仅上述科学，还有天文学、音乐学、光学、力学以及其他几种科学都是数学的一部分。在此，仅仅看这个术语的起源是不够的，因为"数学"和"科学研究"的意思完全相同。就像几何学一样，这些其他分支也可以被称作数学。然而我们看到，几乎任何一个只要受过一点教育的人，都能很容易地把数学问题和其他学科的问题区分开来。但是当我仔细思考这个问题时，我逐渐发现，只有涉及某种顺序和度量的事物，才涉及"数学"，无论是数字、图形、星体、声音或者任何其他事物都是一样的。因此我认为，必须由某种普遍科学来解释这种作为整体的原理，它产生了关于顺序和度量的问题——因为这些问题并不局限于特殊的主题。我认为，这就是"通用数学"，它不是一个牵强的名称，而是一个由来已久并被广泛使用的名称，它包含了一切被称作数学的科学。我们可以发现，它在实用性和简便性上比其他隶属于它的科学要强很多，因为它能够解决所有已知和未知的问题，并且它所包含的任何困难都能够从其中找到，包括它们不存在的特殊主题所产生的新困难。可是现在，为什么人人都知道这门科学的名字而且不用特别研究就能了解它的范围，却仍然有那么多人费力地研究它的附属科学，而没有人愿意掌握这门科学？如果我没有意识到，每个人都认为它很容易，如果我没有观察到，人类的头脑容易忽略这种容易完成的事情而径直奔向新的、更引人注目的事情的话，我确实会感到惊讶。

然而，尽管我意识到自己的不足，我已经下定决心，在我对真理进行探索的过程中，我要固执地遵守这样一个顺序：首先我要从最简单的、最容易的做起，并且在第一个领域没有做到毫无问题之前，我绝不允许自己进入下一个领域的研究。这就是为什么迄今为止我尽我所能地研究这门"通用数学"的原因。所以，我相信当我继续研究更深奥的科学时（我希望这一天很快到来），我的努力不会为时过早。但是在我做出这一转变之前，我将试图把我在以前的研究中注意到的更值得注意的事实进行整合和安排。因此，我希望在未来的某一天，当我的记忆随着时间的流逝而衰退的时候，如果需要的话，我能够通过翻阅这本小书回忆起它们；并且现在，我也可以将关于它们的记忆搁置一边，以便我能够集中注意力在我未来的研究中。

原则五

为了发现某一真理，必须根据对象的秩序和特征设计方法，并将精神直觉聚焦其上。为满足这一要求，需将复杂而模糊的命题逐步简化，然后对这些简单的命题投以直观的理解，并严格以本原则为循，探寻所有命题中的真知。

上述原则寥寥数语，却蕴藏着所有人类努力的总和。一个人想要探索真理，就必须严格遵循这一原则，一如进入米诺斯迷宫的古希腊英雄忒修斯，需要细线的指引方可顺利脱身。但是，许多人对此不是视而不见就是置若罔闻，抑或将其彻底抛弃。无怪乎面对最为艰难的问题时，他们常常罔顾秩序。在我看来，这好比一个人试图从屋基一跃而上屋顶，却对准备好的梯子视而不见；就像占星家，不识苍穹之本质，不察天体之运转，却妄图窥察它们的寓意；又如只研究力学、不注重物理的学者，竟贸然设计起产生各种运动的新机器来。与斯为伴的还有一些哲学家，他们罔顾事实，纸上谈兵，自以为如同雅典娜从宙斯头颅中一跃而出一般，真理会从他们的头脑中汩汩涌出。

显然，上述这些人都违反了本条原则。不过，本原则所要求探寻的秩序往往模糊而复杂，难怪许多人不但不能理解，甚至屡屡犯错。但若能仔细研究以下原则，困难自会迎刃而解。

原则六

从某种秩序中接续推导出一系列事实之后，为区分简单事实与复杂事实，并有条不紊地进行排序，我们应该首先梳理出简单的事实，并厘清它们之间的关系是更简单、更复杂，还是复杂程度不分高下。

本原则也许没有什么新意，却包含了本文方法的核心奥义，堪称本篇论文中最实用的原则。因为它告诉我们，所有的事实都可以按一定的顺序排列起来，既不依本体论者之高见，又不按哲学划分之类目，而是依照推导真知的顺序排列。因此，问题一经发现，我们立刻就能察知，优先考察哪类对象最高效，优先考察哪些对象最有益，以及遵循何种顺序考察最合理。

此外，为保证区分方法无误，必须首先明确的一点是，为达成研究的目的，在我们的研究过程中，并不将事物视为孤立的，而是置其于相互比较之中，以吐露知识、彰显关系。为此，我们将所有事实区分为绝对或相对这两种，非此即彼。

所谓绝对性，即事物中所包含的纯粹而简单的本质。因此，凡被认作是事物的原因或一切独立、简单、普遍、单一、相等、相似、直接的事物，都适用于这一术语。绝对——我称之为最简单和最容易的事物，我们可以利用它来解决问题。

所谓相对性，则是事物中非绝对的某种特性。相对性在事物中与绝对性共存，至少在某种程度上与其本质相通、相互关联，可以通过一系列活动，从绝对性中推导出相对性。凡被视为事物的影响或一切非独立、复合、特殊、大量、不平等、不相似、非直接的事物，都具有相对性。对于这些相对物，其相对性越大，就越脱离绝对物的范畴。应该声明一点，绝对之物与相对之物应当严格区分，并仔细观察其关联性与自然秩序，以跨越所有中间步骤，从相对程度最高的事物转移到绝对程度最高的事物上。

这就是整个方法的秘密所在，对所有事物，我们都应积极标记其中最具绝对性的组分。因为有些事物从一个角度看比其他东西更绝对，但从另一个角度看则更相对。如"普遍"虽然因其本质简单，比"特殊"更为绝对，但因为普遍依赖于个体而存在，也可认为它比特殊更加相对，以此类推。类似的情况还在于，某些事物确实比其他事物更加绝对，但却不是所有事物中最绝对的存在。如相对于个体，种别是绝对之物，但相对于属别，种别又是相对的；又如在可度量的事物之中，广延是绝对之物，但在广延的各个细部中，绝对之物又由长度充当。为了更清楚地表明此处我们并未孤立地考虑每一种事物的性质，而是将所涉秩序等量齐观，我特意列举两种绝对之物以供讨论，即因果关系和等量关系，尽管它们的性质实际上是相对的。这是因为，哲学家认为因果之间必有关联，但是我们发现，凡要寻求结果，必须先寻找原因，而非相反；同样，等量关系之间虽然互有关联，我们仍然只有通过将其与"等量"进行比较才能知道"不等"，而不是相反。

其次，我们必须注意到，无论是借助外在经验，还是内在思考，我们往往都可以将一种鲜少存在的、纯粹而简单的绝对本质看作是原初和存在本身，视之为独立存在而不依赖其他。这类绝对的本质即前文所述的、最应该得到我们仔细注意的部分，因为在单一秩序中，它们就是我们所说的最简单的事物。所有其他推论都只能自这些最简单的事物中直接或间接得出，否则需经过两三次或数次推断才能得到。对依序推断的次数，我们应该特别注意，以便观察从原初或最简单的命题出发到达事实的距离孰近孰远，所需步骤孰多孰少。无论何时，原因和结果之间的联系都显而易见，它使得所有目标对象中均有特殊秩序可循。研究内容需依照这些秩序进行简化，以适配一种固定的研究方法。然而，这些秩序并不容易逐一回顾，我们也很难将其全部加以记忆，因而无法仅靠思想将其考察透彻。因此，我们必须寻求一种智识上的规范，以便在需要之时即刻察知这些相互连接的秩序。为此我认为，最佳途径是以一种敏锐的洞察力，习惯性地将注意力转移到那些我们业已发现的、纤细入微的事实之上。

最后，除了以上两点，我们需要额外注意，不要使自己的研究从最棘手的问题出发。相反，我们应在考察具体问题之前，首先将那些呈现在眼前的显见事实加以整合，而不加以选择；并由此出发，逐步探究它们是否可以推导出其他事实，推导出的事实又能否得出其他结论，以此类推。完成之后，我们应认真回顾所发现的真理，仔细找出哪些真理更为显见，以及显见的原因。因此，在我们着手解决这个具体问题的时候，就能够依据经验，得知解决问题的最佳顺序。例如，如果发现数字6是数字3的两倍，就可以接着思考什么是6的两倍，即12；而后依次是12的两倍，即24；24的两倍，即48……同样地，也就容易推知，3和6、6和12、12和24等数字之间拥有相同的比例。因此，数字3、6、12、24、48……形成一个等比数列。虽然以上推导轻而易举，甚至几近幼稚，但同样的思维逻辑亦可用于理解所有等比、形成其他关系的事物的形式，以及其中亟待研究的秩序。这一发现符合整个纯数学学科的总和。

首先，找到6的两倍并不比得到3的两倍更难；其次，在所有事物中，只要找出任意两个量之间的比例，即可获得具有同样比例的无数其他量，无论目标是三个、四个或更多，难度也同样不会增加。因为我们必须单独寻找每一个量，它们彼此之间并无任何联系。但是，我又注意到，当给出量级3和

6时，轻而易举就能找出比例连续的第三个数，即12；然而，若已知数字位于两极，即3和12，要想找到比例的中项，即数字6，就不那么容易了。究其原因，我们明显遇到了一种与前述推导完全不同的难点，即为了求得比例中项，我们必须同时注意两极及其比例，以整除旧比例，得出新的比例；这与给出等比的两个已知数、求取第三项非常不同。同理，我们继续研究，当给出数字3和24时，是否同样容易确定两个比例中项之一，即6和12。此问题中存在又一难点，且比前例更为复杂。因为在此例中，为了找出第四个数字，我们必须同时注意三点要素，而非前例的一、二点。更进一步，我们可以追问，如果只给出3和48，确定三个比例中项中的一个，即6、12和24，是否会更加艰难。乍看之下，确实如此。但是，我们在观察之后随即发现，此问题可以进行拆分，以减少难点。即首先求取3和48的比例中项，即12，然后寻找3和12的比例中项，即6，最后求取12和48的比例中项，即24。至此，我们已将问题简化为上述第二种类型的难度。

上述例子使我们进一步意识到，同一问题可以通过不同的途径求解，但有的方法相对来说更加困难和模糊。为求出四个等比数字3、6、12和24，如果已知其中两个数字，如3和6，6和12，或12和24，那么要解出其他比例数并不困难。在此例中，我们可以说所求比例是直接求取的。但是，如果两个数是交替给出的，如3和12，或6和24，要求其他数，我们则称其为对第一种题型的间接求取。同样，如果已知两个极值，如3和24，若要从中确定比例中项6和12，我们的研究也将构成间接求取，且构成第二种题型的间接求取。我们可以进一步从此例中推出许多其他结果，不过，其核心内涵已经其意自现，无须赘言。读者若能理解"直接推出命题"和"间接推出命题"的区别，且能从上述的简单（初级）问题中若有所悟，并将所得应用于思想和分析，则必能在其他学科之中发现一片新大陆。

原则七

若要完善我们的研究，则必须以一种连续的、从不间断的思想活动来仔细研究那些可以改善推导结论的事物；亦需以一种充分的、有技巧的方式对这些事物进行枚举。

如前所述，总有真理无法直接从那些初级且不言自明的原则中推断出来，若要获得这些真理，遵循本原则十分必要。因为类似的推导常常涉及一长串由因到果的中间过程，待到得出结论，整条来路早已经被抛之脑后了。为弥补这一记忆缺陷，思想活动的持续必不可少。例如，在一例独立的思想活动中，我首先发现量级 A 和 B 之间存在某种关系，而后又发现了 B 和 C、C 和 D、D 和 E 之间的关系，但 A 与 E 之间的关系依然无法得知；此前得出的真理也无法为我拨开迷雾，除非我能将这些结论全部回忆起来。我的补救措施是，不时地回顾这些既往的智慧，让想象在直观感知事实的同时，即刻传递到下一个事实之上，如此持续转移而不中断；这一行为将不断持续，直到我最终能够将信息从头到尾迅速浏览完毕、不给记忆留下任何负担，近乎依靠直觉完成整个过程为止。这种方法既可以减轻记忆的压力，减少思维的迟钝，又必然可以提升我们的脑力。

但必须额外说明，这一思想活动不应中途被打断。人们常常试图从逻辑链远端的原则快速推导出结论，而未能准确追踪中间结论组成的整段链条，因而未经适当考虑便跳过了许多步骤。然而可以肯定的是，只要忽略了哪怕最小的一环，整条推理链就将即刻断裂，结论的确定性就会轰然倒塌。

此处需要指出的是，如果希望完善我们的科学探究，枚举（证明的步骤）

也是不可或缺的一步。对大多数问题而言，尽管其他原则也有帮助，但仅靠枚举一项即可使我们对目标事物做出真实而确定的判断；只要掌握了枚举这一武器，什么都逃不过我们的眼睛，因为我们将对每一个步骤了如指掌。所谓枚举，或归纳，即对与所提出的问题相关联问题的一种回顾或清查。这一活动彻底而准确，可以清楚、确切地保证我们不犯遗漏的错误。因此，只要经常使用这一方法，即便无法解决问题，至少我们可以确定自己是否真的不知道解决方法，此亦不失为一种进步。有时候，我们确实已经穷尽人类智慧为我们昭示的所有途径，而问题仍然悬而未决，这种情况并不罕见。即使不幸遇到这种情况，我们也有权大胆断言，这一问题已超出了人类智识的范围，非常人所能为之。

此外，必须注意，正确运用列举或归纳法只是为了超越其他方法，得到更加可靠的结论，克服简单的直觉。如果仅凭直觉无法求得真知，我们就必须抛弃三段论的束缚，重拾归纳法这个唯一可以信赖的方法。因为如果一个事实可以从另一事实中直接推导出来，且推导过程十分显见，那么这一事实早就化为直觉，无须归纳了。但是，如果我们的推导面向的是各种不相干的事实，我们的智力往往不足以将它们全部囊括在单一直觉之中，那么在这种情况下，我们的头脑需要一种确定的推导方式。正如虽然我们不能一眼看清长链条中的所有连接，但是只要我们明晰了相邻每一环之间的连接方式，就足以宣称自己已经从头到尾梳理清晰了。

前文已经说明，枚举应该适当，因为它经常暴露于谬误的危险之中。有时候，即使我们在枚举的时候仔细审视了许多事实，并且这些事实都十分显而易见，但若我们忽略了哪怕最小的一环，整个链条也会断裂，结论的确定性亦将不复存在；有时，即使我们已将所有事实精确列举出来，却依然难以区分单个步骤之间的差异，得到的知识也势必只是一摊浑水。此外，虽然按照此前的定义，枚举应该是清晰而完整的，但也有既不清晰又不完整的枚举存在，正因如此，我才提出枚举法应该适当使用。例如，我想依靠枚举证明有肉体或有感官的生物共有多少属别，那么仅仅给出一个数字并声称已经囊括齐全是不够的，除非我事先知道，我已将它们一一枚举出来，并已经将其一一区分清楚，否则不敢如此断言。但是，如果我想以同样的方式证明理性之灵魂不属于肉体，便不需要进行完整的枚举，我只需将所有肉体包括在特定的集合之中，并证明理性之灵魂与集合中的所有元素都无关就已足够。最后，如果我想通过枚举证明，当周长相等时，圆的面积大于其他所有不同多边形的面积，那么我也不必回顾所有其他图形，而只要特别列举出其中几个，再由此归纳出所有图形都符合的同一结论就足以证明了。

还应补充的是，列举应当有秩序地进行。这是因为：一方面，上述缺陷一经出现，最好的补救措施就是有序地审视一切事物；另一方面，常有这种情况出现——即使人们穷尽一生的心力，也无法将与目标问题相关的情况逐一了解齐全，因为要研究的事物太多，且很多都无法毕其功于一役。但是，如果将所有这些事物按最佳顺序排列起来，其大部分将被简化成绝对性那一类，然后只需从中任取一例加以细察即可，或取一例中的一个特征，或取其中一些例子而不取全部……无论如何选择，至少我们无须再反复考察同一情况，以免蹉跎时间。这一课大有裨益，因为通过精心排序，我们往往可以在很短的时间内毫不费力地研究完许多细节，尽管乍看之下，需要考察的内容浩如烟海，实则举重若轻。

而枚举所采用的顺序亦非一成不变，多数情况可以依据个人判断灵活调整。出于这个原因，如果我们要在脑海中更为深入地阐述这一顺序，我们必须谨记原则五的启示。对于许多人为设计的琐碎事物，我亦力荐通过调整顺序进行处理。例如，若想将人名中的字母顺序调换，以构造出一个完美的变位词，则无须考察难易，亦无须区分绝对性和相对性，这些操作在此无用武之地。这时候，只需设计并依照一种顺序而行即可，这样可保证同一变位词不会重复两次。所有字母的置换应该被划分成确定的类别，以灵活预判，迅速定位。如此，这项工作就不再枯燥乏味，而是变得易如反掌。

此外，原则五、六、七这三条原则不应该彼此分离，因为在大多数情况下，我们必须把它们放在一起考虑，并同时运用，以完善我们的研究方法。在此，应该简明扼要地指出，这些方法之间不应有先后之分。此乃下文之重心，此处就不再赘述，本节只作概述和总结。

原则八

如果我们在考察某一事物的时候，到达了理解力确实无法对之有直觉性认识的一步，那么，我们必须就此打住，不要试图往下考察，否则就是做无用功。

上述三条原则规定并解释了何为秩序。而本条原则则表明，秩序在什么时候有效，在什么时候无效。因为，在讨论从相对到绝对或从绝对到相对的这一过程之前，我们往往会先考察其中的任一环节，然后再讨论它所引出的内容。然而在多数情况下，很多事情都与同一个环节相关，尽管按秩序考察它们确实是有益的，但是我们也不必如此严格和死板地遵循这个秩序。通常情况下，即使我们不能清楚地了解所有环节的信息，只要知道了其中的几个或一个环节，也可以继续深入下去。

这条原则为第二条原则提供了支撑。尽管本原则看似没有过多的讨论，也没有揭示任何真理，但不能说它对学术的发展就没有贡献。事实上，对初学者而言，这一原则主要教会他们如何不浪费时间。而且，它所采用的论据与第二条原则中的论据不尽相同。但是，它告诉那些已经完全掌握了前面七条原则的人一个道理：在追求任何科学真理的过程中，如何才能做到量力而行，自我满足。因为如果一个人忠实地遵守了前面的原则，但现在的原则却在某个时刻要求他停止深入，那么他就会确切地知道，即使通过再大的努力，他也无法获得他所渴望的知识。而且他也清楚，这和智力没有关系，而是因为问题本身的性质，或是因为人自身条件的固有局限性。不过，认识到这一点也是一种真知。事实上，若是他坚持一种不达目的不罢休的极端的好奇心，那么他的心智不会太健全。

现在用一两个例子来说明以上观点。假设，有一个一心只钻研数学的人，他想从折光学中找出一种被称为光折线的线，即平行光线经过透镜折射到一定程度后能会聚成一点的线。然而他是不可能找到这条线的，原因很简单：从原则五、六来看，要想找出光折线，就要知道折射角与入射角的内在关系，但是这属于物理知识，所以他无法继续研究下去。他也不可能通过请教哲学家或他人经验来获取答案，因为这样就违背了原则三。此外，这个命题既是复合的，也是相对的；但是在适当的地方，我们将表明，只有在处理完全简单和绝对的问题时，经验才是明确的。同样地，如果他假设在这些角度之间存在某种关系或其他媒介，并推测这就是必然的事实的话，那也是徒劳的，因为他寻求的不再是光折线，而是根据假设推论出的一条线。

相反，如果一个人的学习不局限于数学，而是像原则一中所说的那样，能够运用面前出现的一切材料来进行多方面的思考，那么在面临同样的难题时，他能够有别的发现，即发现入射角和折射角之间的比率取决于介质不同而发生的关系的变化。进一步地，这些变化又取决于光线穿过完全透明物体的方式。而这些知识都为他了解光的本质提供了前提。他还发现，要了解光的本质，就必须知道一般自然力是什么，这是整个秩序中的最绝对项。因此，当他在直觉的帮助下理解了光的本质后，他就会按照原则五，以相同的步骤追溯知识的根源。在这一过程中，如果他只思考到了第二步，便不会发现光的本质；但原则七却能帮助他枚举出其他自然现象的发现，从而获取知识，至少能使他通过类推（将在后文中详谈）理解这一点。做完这一步，他就会思考光线是如何穿过整个透明体的，并有条不紊地推论下去，最终发现折光学的真理。虽然一直以来，总有人质疑我的方法，但我始终相信，一个严格遵守这些原则的人，必定能获取言之凿凿的知识。

接下来让我举一个更典型的例子。如果一个人尝试依靠人类的理性来探求全部真知，他将遵循上述原则进行思考，且必将发现，所有的知识开端于感知，因为人对事物的其他认识都将来源于此，且顺序不可颠倒。（依我之见，这对于所有追求思维平衡的人，是一生之中至少必经一次的重要任务。）当他明白这个道理，即知识的获取基于近乎纯粹的感性认识时，他就会通过另外两种思维模式——想象与感觉来获取认识。然后，他将努力区分和检验这三种认知模式。从严格意义上来说，真理和谬误的差别也许只是认识上的偏差，而偏差往往来自于另外两种能力的差异。他必将细心留意各样虚伪的事物，使自己审慎；他也必将确切地列举出所有向我们敞开的通向真理的大门，以确保自己不会行差踏错。获取真理的途径不多，以至于它们都不容易被发现，也非简单依赖于一次次地枚举。虽然这对不熟练的人来说是不可思议的，但是只要将知识中用来填充或装饰记忆的部分，与那些真实存在的部分加以区分，就会明白这不难理解……他会确信，任何知识盲区的存在都不是由于缺乏智力或技能，而是因为，人根本就不可能在感知某物存在之前就认识到某物。尽管许多问题可能会出现，但由于他能清楚地意识到这些问题超出了人类智力的极限，就不会认为自己无知了。相反，如果他是理性的，那么这种没有人能找到解决办法的知识将会充分满足他的好奇心。

在探究一些问题之前，我们应该仔细思考，这些问题的真理是否能够靠人类的理性去获得，从而避免任意的、错误的、徒劳的工作。为了更好地达到这个目的，我们应该在两组同样简单的情况下，采用更有实际意义的一组。实际上，这里的方法类似于手工工艺制作的手段，运用这些手段，即使在没有其他机械的辅助下，也能为随后的制作提供方向。以铁匠为例，当他身边的一切工具都被清空时，他不得不用坚硬的石头或粗铁块作为铁砧，用一块石头当作锤子，用木头块当作钳子，并根据需要为自己制作一些别的辅助工具。这样一来，他的工具就齐全了，但他不会立刻尝试为别人锻造剑、头盔或其他铁制品，而是首先制作铁锤、铁砧、钳子和别的对自己有用的工具。这个例子告诉我们，既然从一开始我们只能发现一些论据尚不充分的准则，而且它们似乎是受到先天直觉的影响而产生的粗略想法，那么我们就不应急着用它来解决哲学家们争论不休的议题，或妄想解答困扰数学家们已久的谜题。我们首先应该利用它们尽可能地寻找比探索真理更迫切需要的所有其他准则。这是因为，我们没有理由认为这些准则比几何学家、物理学家和其他领域的科学家所提出的问题更难发现。

如今，没有比寻求确定人类知识的性质和范围更有用的研究了，这就是为什么要把它概括为一个问题。我们认为在一开始就应该借助已制定的原则来回答这个问题。任何对真理稍有兴趣的人，都应该在他的一生中至少思考一次这个问题，因为在追求真理的过程中，有效的知识工具和整体的探究方法会自然而然地出现。而在我看来，没有什么比对自然界的奥秘、天（的运动）之于大地的影响、预测未来等诸如此类的问题进行高谈阔论更徒劳的了。人们在谈论这些问题前甚至都没有想过，靠人类的理性是否可以得到问题的答案。当我们常常不假思索地对那些与我们毫不相干甚至完全陌生的事物作出判断的时候，我们就能轻易感受到感性认识的限度。如果我们要在脑海中把握整个事物的所有客体，并探究我们的理性认识是如何逐个分析它们的，似乎也不是一件不可能完成的事情。因为，世上没有任何事物能够复杂或模糊到，不能用我们上述提到的枚举法把它归入某个范围内或某个类别下。因此，为了将枚举法在这个问题中做一个实验，我们首先要将与这个问题相关的一切一分为二，使它要么与我们这些有认知能力的人有关，要么与那些我们能认知的事物有关。我们在下面将分别论述这两点。

首先，反观我们自身就能够发现，只有理解本身才能帮助我们了解知识，而理解会受到其他三种能力的影响，即想象力、感觉和记忆。因此，我们要带着内省的目光去检查自身的能力，要知道是什么在阻碍我们，以便保持警惕；如果这些能力在某些地方对我们有益，我们不妨充分发挥它们的作用。这个问题的第一部分，我们将在下一个原则中借助充分的枚举进行讨论说明。

其次，我们来谈谈事物本身，它们必然在人类智力所能理解的范围内予以考虑。在这个意义上，我们将事物分为两种类别：性质简单的一类，性质复杂或复合的一类。所有简单性质的事物，必然要么是精神的，要么是物质的，要么是精神与物质相结合的。最后，在这些复合命题中，有一些是理解力在判断其对事物的决定作用之前，就意识到是复杂的了；但也有一些是关于其他命题的重合命题。所有这些问题都将在原则十二中得到更详细的阐述，原则十二将表明，除了由理解力偏差所产生的命题以外，不可能出现谬误。这就是我们进一步细分的原因，从最简单的、已知的命题中细分出可推论的部分（这将在我的下一部著作[1]中讨论），以及细分那些以其他事物的存在为前提的事物，而这些存在本身表明着复合关系。为了阐明这一点，我编写了第三部著作[2]。

实际上，我编写这些著作的初衷是为了能够给读者提供一些通往真理之门的指导方法，或者说，让切实遵循这些原则的人能够轻易打开真理之门。就算是一个平庸的人，也可以看到通往真理之门的路是敞亮的，且人人平

---

〔1〕指最终未完成的《以自然之光探求真理》。
〔2〕指《世界》。

等；而且他再也不会因为缺乏才智或有效方法而无知。当他把思想运用在自己能够理解的事情上，他要么获得成功，要么明白有的事情业已超过他的理解力，在这样的情况下，即使他不得不就此止步，也不会自我怪罪。或者到了最后，他能证明一些知识的确已经超乎人类智慧所能承受的范围，这样一来，他就不会感觉自己比别人愚昧，因为仅凭他能够发现这一点，就已经算是获得了真知。

原则九

我们应该全神贯注于那些最微不足道、最容易掌握的事实，并习惯于长时间地审视它们，直到我们能够清楚无误地辨认真理为止。

我们已经指出，理智的两种活动是直觉和演绎，我们必须依靠它们来获得知识。因此，我们将在本原则和下一原则中进一步解释，如何更加熟练地使用它们，同时培养思想的两种主要能力，即通过清晰无误地察看单个对象来获得洞察力，以及通过巧妙地从事物的相互演绎中推导其他事实的智慧力。

的确，我们学习运用心灵直觉的时候，就是把它同眼见为实相比较的。一个人若是同时看许多事物，往往一个也看不清楚；一个人若是在当下同时考虑许多事情，往往思如乱麻。而那些从事精巧、细致工作的人，往往习惯于把目光集中在某个具体的点上，从而在实践中获得一种分辨所有细微和纤巧事物的能力；同样，那些不让复杂事物分散自己的思维，专注于最简单、最容易的细节的人，头脑往往最为清醒。

虽然如此，人皆凡人，难免有一个共同的缺点：崇尚复杂而鄙夷简单。若事实背后的原因简单清楚，他们常常认为自己一无所得，唯有对某些看似高深的哲学解释倾慕不已，不管这些解释的来源是否经过充分的研究并得到明证。此之谓爱惜黑暗甚于光明，这无疑是一种精神混乱。然而值得注意的是，对于拥有真知者，无论真理是简单的还是晦涩难懂的，得到它的方法皆无二致，即他们对所有事实的把握皆出于一种相似的、单一且明晰的思维方式。对简单或晦涩的不同事物的理解，其全部区别在于所选择的道路。如果我们从最初的、最绝对的原则出发，到达相距遥远的真理，其道路理应更长一些。

因此，每个人都应该培养一种思维习惯，即同时将少而简单的事实等量齐观，他会发现，世间绝不会有通过眼睛来察看比用思想来认识更清晰的事物。对此，确实有些人生来就比别人拥有更强的辨析能力，但是通过技巧和锻炼，每个人的头脑都可以精于此道。不过，应特别强调的一个事实是，每个人都应该坚定地相信，一门科学无论多么深奥，都不能从高深莫测的事物中推导出来，而只能从最容易理解的事物中推导出来。

例如，如果要考察自然力是否能够瞬时通过某个介质而到达一个远点，我们就不宜将思想转向磁力或星体的作用，甚或是光作用的速度，因为这些问题的证明是很不容易的。我们倒不如考虑物体的局部运动，因为就运动而言，没有什么比实物更容易想象的了。我们将发现，石头并不能瞬间移动到另一个地方，因为它是一个物体；但是如果把类似于推动石头的力想象成一块具体的石头，那么它从一个地方移动到另一个地方就是瞬间传递的。又比如，我抖动一根任意长度的棍子的一端，那么很显然，棍子该端所受的力也必将使棍子的所有其他部分在同一时刻颤动，因为力是赤裸裸传递的，它不存在于任何物体之中，比如一块石头。

同样地，如果我要了解同一简单因素如何同时产生两个相反的结果，则既不需要借用医学上某些排泄部分体液而保留部分体液之药物，也无须夸大月光的神力，称它可以使人变暖，也可以通过某种神秘的力量使人变冷；我只需看向天平，观察一块砝码如何将其平衡臂一边举起，一边垂下，或举其他类似的例子。

原则十

头脑如果要获得智慧，就应该去探求那些别人已经找到解决方法的问题；即使是人类最微不足道的发现，也应当系统性地通观一遍，尤其是那些秩序业已昭示或暗含于其中的发现，理应作为首选。

我承认，我的天性正是如此。我经常发现，如果要获得智识上的最大满足，那么就不要遵循别人的论点，而要通过自己的努力一探究竟。青春之时，正是这种独立探究的性格将我带入科学的殿堂。无论何时，只要一本书的书名预示着一些新发现，在进一步阅读之前，我总会靠着自己的天性先行尝试，只为探究自己是否能独立取得类似的成果。我小心翼翼，以免过早地读完全书，因为这会剥夺我这种与人无害的乐趣。好在我也常常得偿所愿。时间一长，我便意识到，我叩开真理之门的方式不再像其他人那样只是模糊和盲目地追寻，我大多依靠的是技巧，而不是运气。在长期的实践中，我发现自己摸索出来一些规则，而这些规则对研究大有裨益。后来，在这些规则的基础上，我又得以制定出更进一步的细则。因此，得益于我对整套方法的勤加梳理和悉心总结，我始终遵循着一套卓有成效的研究方法。

然而，我深知并非所有人都习惯苦心孤诣、苦思冥想，因此在本原则中，我们不会即刻投入任何困难和艰巨的问题。我们首先要讨论的是那些最简单和最基础的学科，最重要的是这些学科已经建立起逻辑谨严的秩序，如网织和锦织工艺、刺绣技术，以及针织、编织等穿针引线、巧夺天工的技艺，诸如此类。此外，关于数字以及属于算术的一切知识，也在我们的关注范围之中。如果我们不知道别人的解决方法，而是自己发明一套解法，那么所有这些研究都将磨砺我们的脑力，该当何其妙哉！因为这些技艺的奥秘早已昭然世人，无出人类认知之右，所以它们以最清晰的方式向我们揭示了无穷的事物秩序，这些秩序虽然彼此各异，却都符合规则。我们只需认真观察，便可在这井然的秩序中提炼出全人类智慧的结晶。

正因为如此，我们才坚持使用正确的方法来研究这类问题，即使在那些不那么重要的技艺中；这完全在于仔细观察目标对象的秩序——无论这秩序是存在于事物本身，还是出自人类的巧妙设计。因此，如果我们想要破译一篇使用密语写成的文章，尽管它的秩序已经被隐藏，我们仍然可以虚构出一个秩序，目的是审核关于每个符号、字词和句子的所有猜想；也可以依据我们的设想将它们全部整合以后重新排列，以便获知可以从中推断出的全部含义。不过，在这种情况下，我们必须谨慎行事，避免浪费时间。虽然往往在不讲究章法的情况下也能侥幸找到解决的办法，而且有时得以幸运加成，甚至能比循规蹈矩的人更快地找到解决办法，然而，这样可能会削弱人们的能力，使人把幼稚当作技巧，把肤浅当作习惯。因此对于未来，他们的思想将停留在事物的表面上，而无法穿透事物看清其本质。与此同时，我们决不能重蹈那种苦心孤诣却一无所得的错误，即把自己完全投入到崇高和严肃的事业当中，却发现，多年辛勤工作所获得的不是期待中深刻的知识，而是精神上的混乱。因此，我们必须首先专注于那些比较容易的学科，但是要有序地练习，这样才能在灵活和熟悉的技巧的加持下，不断培养自己切入问题核心的习惯，享受畅游不同学科核心之逸趣。因为通过这种方法，我们将逐渐感受到（在比我们预期更短的时间和更小的空间里）自己拥有同样的能力，即从一系列显见的首要原则中推断出许多乍看十分复杂和困难的命题。

不过，也许有人会感到惊讶，为什么我们在这里大谈如何提高真理推断和演绎的能力，却闭口不谈辩证法学者所提出的那些据说可以约束人类理性的准则。后者所规定的那些论证公式，似乎将某些结论的得出变成必然：只要理性亦步亦趋，即使我们对目标命题有所放松，不再专注其上，也可以因为严格遵循了那些论证公式的形制而得出确定的结论。我们之所以略去那些准则，是因为我们发现现实总是无情：真理往往不受束缚，反而是那些追逐真理的人作茧自缚，其他人则没有那么频繁地陷入困境。我们得到的经验是，就连最巧妙的诡辩家也几乎从来欺骗不了那些惯于独立推理的人，而只能欺骗诡辩家自己。

所以在此，我们希望自己倍加谨慎，在探寻真理的时候保持理性；同时我们也要摒弃那些对于研究无益的论证形式；我们将积极运用下文详述的方法来使思想保持专注。然而，关于三段论的问题，我想再赘言几句。似乎不难发现，三段论式的论证对于发现真理毫无建树。并且，我们必须注意，诡辩家所设计的三段论能得出真知灼见的凤毛麟角，除非他们在构建三段论之前就已经收集了足够多的材料。也就是说，除非他们事先已经确定了三段论所能推导出来的真理，否则任何三段论都将无果而终。由此可见，从这类论证结构中无法产生任何新知，因此，对于探求事物真理的人来说，普通辩证法是毫无用处的。它唯一可能的用途在于，有时可以更容易地向他人解释我们已经确定的真理，仅此而已；为此，我们应当开除辩证法的哲学籍，将其送入修辞学的本来去处。

原则十一

假使我们通过直觉发现了若干简单的真理，想要在此基础上得出其他推论，一个有效的方法是：用我们连续且不间断的思维对这些真理通观一遍，思考它们之间的相互关系，同时尽可能地掌握一些真理。只有这样，才能使我们的认识更加明确，并大大提高我们的思维能力。

此处正好允许我们进一步阐释前述原则中所提到的思想直觉一词。在其中一个地方（参考原则二和原则三），我们说思想直觉对推论无益；而在另一个地方（参考原则七），我们只说思想直觉与枚举相反，并将枚举定义为从许多不关联的事物中得出综合推论；然而在同一个地方（参考原则三和原则七）我们又指出，从一件事到另一件事的简单推论依靠的正是直觉。

这样的区分十分必要，因为思想直觉应该有两个先决条件：一、直觉产生的命题必须清晰而明确；二、直觉必须同时把握全部，而非局部。至于推论，如果考校其推导过程（如原则三中我们所做的那样）则不难发现，它似乎并非以同样的节奏一起发生，而是在我们的思想从一件事推论另一件事时呈现出一种运动的态势。所以我们能够据此区分推论与直觉。不过，若将推论视为既定事实（如原则七的相关内容所示），那么它就不再指涉运动态势，而只代表一场运动的完成。因此，对于简单明了的事实，我们可以认为它是直觉的呈现，而当事实变得扑朔迷离之后，直觉就会变得无能为力。对于复杂事实，我们将运用枚举或归纳，因为它不能被大脑同时作为一个整体把握，它的确定性在某种程度上取决于记忆，其中必须记住对于所列举的每一部分的判断，然后将所有部分的判断综合为一个独立的判断。

我们必须作出如此清晰的区分，因为它对我们接下来的讨论至关重要。在原则九中，我们仅讨论了思想直觉；在原则七中，我们仅讨论了枚举；在本条原则中，我将二者并列而置，阐述它们是如何相互促进、相互完善的。如此一来，它们似乎由于一种思维运动而变成同一个作用，这种思维运动对某一事实的专注的、类似于直觉的认识，可以转换到另一种事实之上。从这种相互促进的过程中，我们总结出两点优势：首先，思想直觉与枚举结合，使我们对目标结论的认识更为清晰确定；其次，二者的结合，使我们的头脑更加清晰，更易发现新的真理。如前所述，我们无法仅仅依靠直觉得出结论，因为它的确定性依赖于大脑的记忆，而记忆由于十分脆弱，且常有错漏之处，所以必须通过推论这种持续的、不断重复的思维过程得到更新和强化。例如，通过各种思维活动，我首先知道了第一量级和第二量级之间的关系，随后知道了第二和第三、第三和第四、第四和第五量级之间的关系，但我依旧无法推断出第一和第五量级之间的关系，除非我把所有的关系牢牢记住。因此，我必须在脑海中反复回顾、搜寻已有的知识，从第一个到最后一个，不放过任何一个记忆。而这整个搜寻记忆的过程似乎是一气呵成，并无先后之分。

显而易见，这一思维方式在很大程度上抵消了思维的迟钝、扩大了思维的容量。但其旨不止于此。这条规则的最大优势在于，通过思考两个命题之间的相互关系，我们养成一种习惯，即可以一眼看出哪些事实之间有什么联系，并辨认出某一事实是通过哪些步骤与已知事实相联系的。例如，在思考一系列连续的量级时，我们会发现以下事实：在第一和第二，第二和第三，第三和第四……量级的关系之中，所有思想活动完全类似，不分难易；然而，若要同时思考第二和第一、第二和第三量级之间的关系，则要困难得多；同时，若要思考第二和第一、第二和第四量级之间的关系，则难上加难。然后，我由此得知，如果只给出了第一和第二量级的关系，我可以很容易地找出第三和第四、第五和第六及其他量级之间的关系。因为这一过程只需要一种简单且明确的思想活动即可完成。但是，如果只给出了第一和第三量级的关系，那么要得知第二量级就显得更为困难，因为这需要同时认识第一和第二、第二和第三量级的关系才能达成。如果只给出第一和第四量级的关系，要求出第二和第三量级的关系似乎就是难上加难，因为此时我们需要同时进行三次设想。以此类推，若要从第一和第五量级中求出第二、三、四量级，似乎又提高了难度。然而，事实却并非如此，因为我们忽略了一个新的事实：即使推导过程中存在着四次设想，我们也不可将其分离，因为四可以被其他数字整除。于是，我可以从第一、第五量级中单独求出第三量级，从第一和第三量级中求出第二量级，以此类推。如果我们习惯于思考此类问题，那么每当有一个新问题出现时，我们立刻就会认识到是什么引发了特殊的困难，以及最简单的解决方法是什么。这对我们寻找真理十分有用。

原则十二

> 最终我们应当借助理解、想象、感觉和记忆的一切辅助
> 手段，首先是为了对简单命题有一个清楚直观的印象；其次
> 是为了将待证命题与已知命题进行比较，以便我们能够认识
> 到其背后的真理；最后就是为了发现真理，并将它们相互比
> 较，以确保纤悉无遗——因为一旦错失任何真理，人类工业
> 都可能在发展的道路上踽踽独行。

本原则总结了之前谈论的所有内容，并大致说明了需要详细解释的部分。

在对事物的认识问题上，只需考虑两点：一是认识行为的主体，即我们自己；二是要认识的对象，即事物本身。一方面，在我们身上，唯有四种能力可堪此用，即理解、想象、感觉和记忆。理解确实是唯一可感知真理的能力，但它必须借助想象、感觉和记忆，才不会遗漏潜藏于自身实力的一些才能。另一方面，对于要认识的对象，即事物，只需研究三点：第一，自发显现的事物；第二，我们如何通过一事物知道另一事物；第三，由什么可推导出什么（真理）。在我看来，以上所列各项已经足够全面，人类力所能及之事都已囊括其中。

因此，在转向第一个要点，即认识我们自己时，我原本打算顺势解释：人类的思想是什么，人类的身体又是什么，思想如何塑造身体，在人这一复杂的整体中，有哪些能力可以用于获取知识，每种能力各自发挥什么作用等。但是此处篇幅有限，无法将这些问题的种种前提列举于此。我不希望在文章中给任何有争议的事物下定论，除非我已将支撑结论的理由尽数阐明，且我认为这些依据也能成功说服他人。

　　但是，由于目前我无法做到这一点，所以我只能尽可能简短地解释一下我们观察一切事物的方式，这种方式的目的是为了发现真理，它最能促进我实现目的。除非你愿意，否则你不必相信事实如此。但是，如果这些设想实际上并不会对真理产生负面影响，反而会使其变得更加明朗，那么我们又有什么理由不接受它们呢？正如在几何学中，我们对某个量提出种种假设，也绝不会削弱论据的影响力；即使在物理学中，我们也可能根据相应经验做出完全不同的判断。

　　第一，我们提出如下设想：对于所有属于身体一部分的外部感官，它们仅凭被动性来感知。虽然由我们调动它们来感知物体，使之显现出活跃状态，即在一定空间内发生运动，但确切地说，这些外部感官的感知是被动的，就如同封蜡被印章压出痕迹。不要以为我只是打比方，而要相信，有感知能力的身体的外部感官被物体所改变的方式，与封蜡的表面形状被印章所改变的方式是完全相同的。这一点不仅适用于触觉，如感知个体的外形、硬度、粗糙程度等，也适用于知觉，如感知炎热、寒冷以及类似性质。其他感官亦是如此。眼睛中的第一个不透明结构接收到的是由各种颜色的光线投射在上面的图形；耳朵、鼻子和舌头中的第一层膜阻止物质进一步通过，因此它们依凭声音、气息和味道（视情况而定）就可获得对新的事物的感知。

　　如此设想问题是颇有助益的，因为没有什么比可触可观的图形更容易被感官捕捉到。此外，这一设想中可能出现的谬误比其他任何假设都要少，这可以根据"图形的概念十分普遍和简单，它与每个感知对象都息息相关"这一点来证明。因此，无论你假定颜色是什么，你都不能否认它具有广延性，因此它具有形象。那么，如果我们不徒劳地接受新事物、不随意想象其存在，也不轻易否定他人对颜色的判断，我们只从颜色所具备的外形特质来看，又有什么坏处呢？譬如，我们假设白色、蓝色和红色等颜色之间存在的多样性和以下相似图形之间存在的差异一样：

相同的论证适用于其他所有情况，因为毫无疑问，图形数量的无限性足以表现可感知事物之间存在的一切差异。

第二，我们设想，当外部感官受到物体的刺激时，传达给感官的图形信息即所谓的常识，传递到了身体的另一处；与此同时，并没有真正的实体传递发生。此时正在写作的我也同样意识到，字符落在纸上的那一刻，不仅是笔的下端在动，同一时间该部分的每次运动都为整支笔所共享。我未设想真的有什么东西从一端传到了另一端，所有这些不同的运动都由笔的上端在空中描绘。谁会认为，人体不同部位之间的联系不比笔两端之间的联系更紧密呢？而且除此之外，还有比这更简单的表达方式吗？

第三，我们设想，常识具备一种和印章一样的功能，可在幻想或想象上留下印记。那些通过外部感官接收的图形和观点，未受外在影响，也未与人体融合，就如同印章在封蜡上留下的痕迹。但是这种幻想是身体的一个真实部分，它的规模足以使它的不同部分表现出多样形象，并使这些部分能够在一定的时间内留存这些形象——后面这种能力被我们称为记忆。

第四，我们设想，原动力，或者说运动神经本身都来自大脑，而大脑正是幻想的大本营，幻想以各种方式带动神经，就像外部感官作用于常识、笔的下端带动整支笔。该例子还说明了想象如何刺激神经内的大量运动。然而，这些运动并没有在神经上刻下图像，神经只具备某些图像，使我们依据这些图像可得出以下推论：一支笔并非严格按照其下端的运动方式移动；大部分运动似乎与其余部分的运动大不相同，甚至完全相反。这使我们了解了其他动物的所有运动是如何产生的，尽管我们根本不认为它们能够认识事物，只有肉体赋予其自身的想象力。我们还可以解释，人类在没有任何理性帮助的情况下，是如何完成这些行动的。

第五，我们设想，我们用以认识事物的力量，是一种纯粹的精神力量。这种力量与身体的各个组成部分截然不同，其区别不亚于血液和骨骼、手和眼睛的区别。无论是同时获取常识和幻想留下的印记，还是作用于已保存在记忆中的感想，抑或是形成新的印象，这种能力应视为单一执行体。以上提到的印象常常会对想象产生困扰，以至于无法通过想象同时接收常识所传递的观点，也无法借助适合身体特性的方式将观点转移到神经系统中。在上述所有运动中，这种认知能力时而被动，时而主动，所以有时像印章，有时像封蜡。但此处谈到的相似只是一种类比，因为在物质世界中，没有任何事物可媲美这种认知能力。若将这种认知能力与想象一同应用于普遍感知，可把它称作观察、触摸等；若将这种能力单独应用于想象中，只要能获取不同的印象，便可叫作记忆；如果该能力在想象的帮助下创造全新的印象，便可将其称为想象或构思；最后，如果这种能力单独发挥作用，则叫作理解。至于最后一种功能是如何发挥作用的，我将在适当的地方作更详细的解释。现在，与那些不同的功能相对应的，或称为理解，或称为想象，或称为记忆，或称为感觉的，正是同一种能力。但是，称其为思想也许更加准确，无论是它在想象中形成新的观念，还是对那些已形成的观念有所影响。我们认为，该能力能够发挥上述的种种效用，在后续的讨论中必须牢记它们之间的区别。但是，在掌握了这些事实之后，细心的读者会收集到每种特定的能力可以提供哪些帮助，并发现人类的努力可以在多大程度上弥补我们智力的不足。

既然理解能够被想象刺激，或反作用于想象，且想象能够通过对客体的神经反应刺激感官；那么反过来，感官也能反作用于想象，从而在脑海中描绘出实体的形象。另一方面，属于肉体的（至少类似于动物所有的那种）记忆，与想象并无不同。因此，如果理解所处理的问题不涉及任何生物的躯体或类似的事物，就会失去肉体所有能力的帮助；反之，为防止来自肉体的其他能力妨碍理解，则必须封闭感官，并尽可能摆脱想象中存在的不同印象。但是，如果理解意在研究一些与肉体相关的东西，就必须在想象中尽可能清晰地构建该研究对象的图像；要使这个目的更容易实现，该图像所代表的东西本身必须展现在外部感官面前。想要通过理解来对特定事实产生明确直观的感受，穷举认识对象便是徒劳。然而事实上，我们经常需要从众多对象中演绎出单一事物，这就必须将不能使我们注意力集中的对象剔除出去，以便其余要素容易被记住。那么在这种情况下，便不应把同一对象原样呈现给外部感官，而只需提取该对象的一些简明形象，以防止记忆流失，而且形象越简单越容易记住。依我之见，凡是能够采纳上述所有建议者，对本规则第一部分内容的掌握必定纤悉无遗。

现在我们必须展开第二部分的讨论，即准确辨析简单事物的概念和基于简单事物组合的事物的新概念，并考察这两类概念可能出现的谬误，以避开这些谬误，同时确定并关注那些有可能确证的问题。不过，和之前一样，这里我们不得不做一些可能并不会得到所有人认同的假设。人们可能会觉得，这些假设就像天文学家用以描述天文现象的假想圆一样虚无，但这并不重要，因为我们只是借助这些假设来辨析事物的真知和谬误。

第一，据我们掌握的情况来看，相对而言，我们了解一个个独立事物的顺序，不同于探寻各个事物真实本质的顺序。举例来说，如果我们认为身体外部具有延展性且具备体型特征，那么我们应该承认，就身体本身而言，它是一个单一而简单的个体，而不能说它是物质性、延展性和外形的复合体——这些要素从来都不是相互独立的；但是，从我们的理解层面来看，之所以将身体看作是由这三种性质构成的复合体，是因为我们在判断这三种性质都存在于同一主体之前，已经分别知悉这三种性质。此处，我们的研究仅限于那些我们已经对它们形成了清晰的认识，并认定它们是简单个体的事物，所以我们的大脑无法将它们再分割成诸如具有外形、延展、运动等特点的其他若干事物。但是，我们设想，其他事物在某种程度上都是由上述特质构成的复合体。该原则适用于世间万物，甚至包括那些我们从单一的基本特性中提炼出来的对象。例如，就像我们会说外形是一个事物延展的极限，这时候我们认为极限这一概念可作的设想比外形更广泛，因为我们还可以说延展的极限、运动的极限，等等。虽然极限的含义是从外形中抽象提炼而出的，但是它也不会因此而比外形容易理解。相反，由于极限的概念立足于延展或运动等其他事物，而这些事物是与外形截然不同的东西，所以它也必须从这些基本性质中抽象出来。因此，极限是由一些完全不同的性质组成的，只能大致表现这些性质。

第二，可以断定，我们依据理解判断为简单的事物，要么是纯智力的，要么是纯物质的，要么兼具智力和物质的特性。对于纯智力的事物，我们生来便能领会，无须借助任何实体形象。可以肯定，这样的事物是大量存在的。我们也不可能构建任何实体概念来说明什么是认识的行为，什么是怀疑的行为，什么是无知的行为，同样也不可能说明什么是意志的行为，以及其他事物。不过，我们对以上事物都已形成确切认知，且我们要认识它们是非常简单的，只需理性思考即可。纯物质的事物，就是只能从形体中认识的事物，比如形状、延展、运动等。无论某种事物被划分到物质还是智力中，我们都认为它具有普遍性，比如存在、统一、持续及类似的概念。据此，我们需要将普遍概念归类，因为从某种程度上来说，这些概念是连接其他简单性质的纽带，我们通过逻辑推理得出的所有推论都要依凭这些概念来佐证。例如，与某一第三方相同的事物彼此相同。同理可得，不同于某一第三方的事物彼此之间存在差异，等等。事实上，这些普遍概念完全可以通过理解来认识，即使不借助外力，或已对物质形象有所认识。但是，我们必须将与之相对应或相对立的术语按我们的智力所掌握的程度排列。因为我们可以凭直觉体会虚无、瞬间和静止，就如同我们依仗直觉认识存在、延展和运动，这些都属于认知行为。这种看待问题的方式有助于我们随即指出，我们所知道的其他一切事物都由这些简单的基本特性构成。例如，如果我判断某一形象不在运动状态，我就会说，在某种意义上，我此时的思维就是形象和静止的复合体，其他情况也适用。

第三，可以肯定，所有这些简单的事物原本都是一看就知的，是完全不存在任何谬误的。要证明这一点并不难，我们可以通过理解来直观地认识并了解事物，也可以通过肯定和否定的方式判断事物，也就是说，我们只需区分这两种能力即可。我们也可以假设自己对了解的事物一无所知，比如，在我们已了解的事物中，除了呈现于我们面前或我们通过自己的思考认识到的事物，还隐藏了其他我们尚未了解的事物，抑或我们认为自己已经了解但实际上存在谬误的事物。因此，如果我们断定这些简单的事物中有任何一种是我们不完全了解的，那我们就错了。即便我们的大脑对它只有少许了解（这是必然的，因为我们已经假定对它有某种判断），那么单凭这一事实，我们就可以推断出我们对它完全了解，否则就不能将其称之为简单事物，而应该将它叫作复杂事物，即由我们目前已经了解的事物和我们认为自己不知道的事物构成。

第四，必须要指出，这些事物之间的联系有时是必然的，有时是偶然的。当一个事物晦涩地隐藏在另一个事物的概念之中，以至于如果我们将它们看作两个独立的个体，就无法清晰地想象出两个事物来，那么这时候，就必须将这两个事物结合起来看。因此，我们将形象与延展相结合，将运动与延续或时间相结合，诸如此类。我们不可能设想出一个无法延展的形象，也不可能设想出没有持续时间的运动。因此，同样地，如果我说"四加三等于七"，那么这一组合便是必然。因为我们只有通过某种复杂的方式将数字三和四纳入数字七中，才能对数字七产生清晰的理解。类似地，凡是表现为图形或数字的事物，都必然与其确立的事物结合在一起。此外，这种结合的必然性并不局限于可感知的事物。例如，苏格拉底表示自己怀疑一切，那他必然清楚"自己怀疑一切"的这一事实，以及了解某一事物可能是真实也可能是错误，等等，所有这些后续都与怀疑这一本质密不可分。而事物之间的偶然联系，就是说事物之间的纽带并非不可切割，比如，我们说某一物体是有生命的，一个人穿着衣服，等等。对于许多必然结合的事物，大多数人都没有留意到它们之间真正的联系，而把它们当作偶然联系的事物，比如"我存在，所以上帝存在"，"我理解，所以我有独立于身体的思想" 等命题。最后，应该指出，许多必然命题的逆命题是偶然命题。比如，从"我存在"必然推出"上帝存在"，却不能依凭相同的逻辑证明"上帝存在，所以我也存在"。

第五点要谈的是，人在任何时候都不可能认识到简单的本质以外的事物，也不可能知道这些简单的本质混合或组合在一起之后会产生什么。事实上，相较于将这些事物分开来理解，将它们组合起来理解会更加容易。比如，我知道什么是三角形，尽管我从来没有想过在"三角形"这个知识中包含角、线条、数字"三"、图形、延伸等知识。但是，这并不妨碍我说三角形的性质是由这些性质组合而成的，而且这些独立的性质往往比三角形这一整体更广为人知。因为我们理解三角形的性质时，便已经了解其中的这些元素。三角形中，还可能涉及许多其他我们没有注意到的性质，比如三角形的内角和等于两个直角之和，边与角之间存在的无数关系，以及三角形面积的大小，等等。

第六，我们之所以知道那些我们视作混合物的性质，要么是亲身经历所得，要么它原本就是由我们自己将不同性质事物组合而成的。亲身经历所得包括我们感觉到的、从别人嘴里听到的，以及通常从外部来源或我们的思想导向自身的沉思而获得的被我们理解的东西。这里必须指出，当认知对象或其图像直接呈现到我们面前时，只要我们集中注意力在它上面，我们的理解就不会被任何亲身经历所欺骗；此外，我们需要保持理性，不赞同想象能忠实地反映感知对象，不认为通过感觉能了解事物的真实形态，不认可一般外部事物显现为什么样子便是什么样子，因为以上这些判断都是错误的。例如，当我们相信别人讲的故事是事实时，或是有黄疸病的人因为眼睛有点黄，就断定万物都是黄色的，就会产生判断性错误。最后，如果人的想象力呈现病态，比如患忧郁症的人会认为自己混乱的幻想就是事实。但是，有判断力的人不会让这些幻想欺骗自己的理解力，因为他知道，凡是来自想象之物，皆是自己于幻想中描绘出来的；除非事先有理由支撑，否则他不会推断感知对象已经从外部世界传递到感官，又已从感官传到想象中，且该对象在此过程中没有发生任何改变。此外，当我们确定，呈现在我们面前的事物里有一些是我们直接感知时未曾体会到的，我们便要自己来组合认知对象。因此，如果一个患有黄疸病的人告诉自己，他看到的东西都是黄色的，那么他的这种想法就是经过了自己组合，一部分是他想象出来的，一部分是他认为自己感知到的，即颜色看起来是黄色不是因为他眼睛的问题，而是他看到的东西确实是黄色的。由此可知，只有当我们相信的事物在某种程度上是由我们自己组合而成的，我们的认知才会出错。

第七，这种性质的混合体可以通过其他方式产生，即冲动、猜测或推理。冲动左右着人们对事物的判断的形成，他们的主观愿望使他们不得不相信某种事物，尽管他们无法为自己的观点提出任何支撑，而这可能仅仅是由某种更高的权力、或他们自己的自由意志、或他们的幻想性性格所决定的。第一种情况向来不是人们出错的根源，第二种情况鲜少出现，第三种情况则几乎是家常便饭。此处，我们不探讨第一种情况，因为它不属于人类能力的范畴。对于猜测，比如水，它距离地球中心的距离比陆地远，密度也比陆地小，同理，水面的空气相较于陆地表面的空气更加稀薄；由此，我们大胆猜测，在空气之上除了非常纯净的以太之外什么都不存在，而以太比空气稀薄得多。此外，如果我们仅仅以猜测来判断事物可能存在，而从不肯定它的真实性，那么我们以这种方式构建的任何认知都不会真正欺骗我们，事实上，它使我们得到更好的引导。

剩下的只有推理，它是将事物结合在一起以确定其真实性的唯一手段。然而，这种方式可能也存在许多不足。比如，在某个充满空气的空间里，因为没有任何可以被视觉、触觉或其他感官所感知的东西，我们便得出结论说这里空无一物，那我们就错误地把真空的性质与这个空间的特征结合在了一起。我们常常认为，我们可以由一个特定或偶然事实推出普遍和必然事件，但结果往往会出错。那么，我们如何才能避免这种错误呢？例如，除非领会到物体之间的联系是必然的，否则我们便不能将物体相互联系起来。因此，如果我们由外形和延伸必然要结合在一起这一事实推断出：不存在任何有外形却不可延伸的事物。这是有理有据的。

综上所述，我们已经十分清楚地阐述了可以根据自己的判断初步进行模糊的、粗略证明的一切。这就是第一个结论：除了不证自明的直觉和必要的推理，人类再无其他通往知识的道路。此外，我们已经解释清楚原则八中谈到的那些简单事物的基本性质是什么。同样明确的是，这种精神直觉既能延伸到全部简单事物的基本性质，也能拓展到基本性质之间的必然联系，最后延展到直接理解或在想象中明确体会到的一切。我们后续会进一步探讨推理。

第二个结论是，我们无须花费心思认识这些简单事物的基本性质，因为它们早已广为人知。要将它们彼此独立开来，逐一审查，唯此才需悉力以赴。一个人还不至于迟钝到无法察觉坐着和站着的区别。但并不是每个人都能将位置的性质与同一问题中包含的其他要素清楚地区分开来，或者说，不是谁都能确定该议题中除了位置的改变以外没有发生任何变化的。现在，有理由让大家关注上述原则，因为有学问的人总能巧妙地让自己对那些自身特质极其明显、连普通人都知道的东西视而不见。当他们试图借助更清晰明了的东西来解释那些显而易见的事时，就会如此。因为他们要么去解释别的东西，要么什么都不想解释。事实上，没有人会看不出，只要位置发生变化，无论如何总会有些变化。但是，如果有人告知，位置是我们周围的物体表面，又有谁会明白这一点呢？这就挺新奇的，就算我保持不动，这个表面仍然可以改变，或者反之，位置也可以随着我的移动而移动，它依旧围绕着我，但我却不在同一个地方了。这些人难道真的使了魔咒？因为这些话隐含着一种力量，使人难以琢磨。他们将运动这一人人皆知的事实定义为潜能的实现，只要它是潜在的即可！难道会有人不承认，哲学家一直在无事生非？因此，我们得坚持，在解释这类事物时不能使用任何定义，以免自己以繁代简。我们应当把它们彼此隔绝开来，并以我们每个人所拥有的精神上的启迪分别关注它们。

第三个结论是，明确认识以简单事物的基本性质结合起来构建其他事物的方式便是人类全部知识所在。注意到这一点非常重要。因为每当提出难题并进行研究时，几乎每个人都会在一开始就陷入僵局，对他应当想起的概念本质产生怀疑，并认为必须要探寻以前不知道的新事实。因此，如果问题是"磁石的性质是什么"，上面提到的那种人便立刻会对调查的艰辛进行预测，在脑海中排除所有众所周知的事实，并牢牢抓住最困难的点，仿佛要在荒芜之地求得繁盛。但是，如果这种人认为磁石不包含任何显而易见的简单基本特质，从磁石中了解不到任何东西，那么他便不会疑惑如何进行调查。首先，他会搜集依据观察这块石头所得的信息，接着尝试从观察结果中推断出简单性质混合体的特性——因为要产生他观察到的与磁石相关的所有效应，就必须使之混合。这样一来，他就可以大胆断定，自己已经发现了磁石的真正特性，人类的智慧和实验结果为他提供了知识。

第四，接上面所说，我们不能想象一种知识比另一种知识更晦涩难懂，因为所有的知识本质总是相同的，且只在于将显而易见的东西结合在一起。该事实倒是鲜有人知。一方面，人类的大脑已经为完全相反的意见所占据，较为大胆的人让自己坚持个人猜想，仿佛猜想就是合理的论证，并且，就一无所知之事，他们能体会到真理的预兆，相信真理终会拨云见日而来。他们毫不犹豫地提出观点，为自己的看法加上坚定不移的措辞，他们习惯于用这些话语展开漫长、缜密的讨论，但实际上他们自己和听众都不明白那些话。另一方面，更多的人缺少自信，常常逃避许多简单且对生活一级重要的调查，仅仅是因为他们认为自己无法胜任。他们认为，这些问题可以由那些天资较好，头脑更灵光的人探索，且他们信赖那些人的权威并欣然接受其建议。

第五，我们断定，推理只能由语言得到事物，由结果推出原因，或由原因推出结果，根据同类推测同类，或由部分推出部分甚至整体……

此外，为使这一系列原则连贯有条理，我们把整个知识问题细分为简单命题和"问题"（在笛卡尔将这一术语作特殊专业应用时，译文都将使用引号）。

关于简单命题，给出的原则唯有让我们的认知能力做好准备，锁定所有认知对象，发动敏锐的思维仔细研究，因为该类命题并非作为研究结果产生，而是自发呈现的。这一部分任务，即我们认为可促进思考的一切，在前十二条规则中已阐述过了。但是，对于"问题"，有些即使不知道解决方法，也是完全可以弄明白的；我们将在接下来的十二条原则中单独处理这些问题。最后，还有一些问题，含义不太清晰，我们把这些问题留到最后十二条原则[1]中探讨。如此划分已经过深思熟虑，既是为避免提及任何需要以熟悉下文为前提的内容，也是为了先展开就培养精神力量而言我们认为最重要、必须最先学习的内容。对于意义明确的"问题"，我们只能从某些事物中清楚察觉到"三问"，一是所寻找的东西出现时，我们可以通过哪些迹象来识别；二是答案确切应由什么事实推导出来；三是如何证明二者（原因和结果）相互依存，无论是原因还是结果都不可能在保持另一个量不变的情况下发生变化。这样一来，我们所需的所有前提都已到手，唯一需要说明的就是如何得出结论。得出结论不是从简单问题中推导出事实（我们已经讲过，这一点无须规则便能做到），而是要巧妙分解某个事实，这一事实受其他若干事实制约，这些事实彼此都相互关联。对该事实形成认知，不需要用到比作最简单的推论所需的更高的精神力量。这类"问题"高度抽象，几乎只出现在算术和几何学中，对于没有学过的人来说，似乎没有什么价值。但我想告诫大家的是：应当在研究这门学问时勤于磨炼自我，以期掌握该方法之后，学习处理所有其他类型的"问题"。

---

〔1〕笛卡尔原本计划写三个部分，一共包括三十六条原则。但是他最后的遗稿只剩下二十一条。这里说的最后十二条原则，指的是原定的原则二十五至原则三十六。

原则十三

若是我们对某一"问题"已理解通透，除其真正内涵以外，其他所有多余的想法都须剔除，以最简洁明了的措辞说明即可，并借助枚举法，将问题分为不同的部分，以作细致分析。

此为我们效仿辩证论家的唯一之处。他们传授形式逻辑三段论时，会假设三段论的项或命题为已知信息，所以我们此处也把理解所要解决的问题定为前提。但我们不会像他们那样，分出两个大小前提和一个中项。我们处理问题的方式如下：首先，每一个"问题"皆定然含有我们未知的元素，否则提出该问题便毫无意义；其次，须设法指定研究对象，否则我们便无法认定要研究的是该对象而不是其他东西；最后，唯有借助已知事物，方能指明研究对象。未完全知悉的问题，也要满足以上三个条件。比如，如果我们要解决磁铁性质的问题，我们便已经知道"磁铁"和"性质"二词所指何意，这确定了我们要找的是这一问题而不是其他问题的答案。但除此之外，如果要清楚地说明该问题，则要求问题是完全确定的，如此一来我们要研究的便只有已知信息中可推理之物。例如，有人问我：从吉尔伯特[1]所做的一系列实验（不管正确还是错误）中，可以作出什么推论呢？又比如，关于声音的性质，仅基于以下事实可得出什么结论：A、B、C 三根弦发出的声音相同，

---

[1] 此处疑指英国物理学家威廉·吉尔伯特（1544—1603年），他著有《论磁》（1600年）。

弦 B 虽比弦 A 粗一倍，但与弦 A 一样长，为相当于弦 A 两倍重的砝码所绷紧；弦 C 与弦 A 一样粗，是弦 A 的两倍长，由弦 A 四倍重的砝码来绷紧。或许还有其他例子可供说明，但所有示例都已阐述得清清楚楚，一切表达不完整的"问题"都可以概括成其他意义清晰的命题，这一点我会在适当的地方作详细说明。上述所说表明，以下任务皆可参照本原则进行：剔除疑问中多余的概念，以便正确地认识问题，并将其概括为某种形式。由此，我们不再认为自己是在解决其中某个特定的命题，而只是按常规处理大量需要一起研究的内容。比方说，我们把研究限定在某一组仅与磁铁有关的实验后，很容易便能排除从所有其他角度对该问题产生的理解。

此处还需补充，根据原则五和原则六，应将问题提炼成最简洁的表述；根据原则十二，应把问题分成不同的部分。因此，如果要通过大量实验研究磁铁，我将依次单独进行各个实验，连续测试。同样，如果我的研究与声音有关，那么与上一个例子相同，我将分别思考弦 A 和弦 B 之间的关系、弦 A 和弦 C 之间的关系，等等，由此得到的结果就会比较完整，每一种情况都会列出来。处理任一命题的项，在接近正答以前，虽说人的思想只需遵循前面提到的三条原则，但也需要应用以下十一条原则[1]。本文的第三部分将更清楚地说明这些原则的应用。此外，我们既然是通过"问题"认识真理或谬误的所在，便须列举不同类型的"问题"，以确定不同情况下我们能达成怎样的目标。

此前已经说过，对事物的直观认知不可能有假，无论事物是简单个体还

---

[1] 前面已经注释过，此第三部分（原则二十五至三十六）并没有写出来。

是复合整体。因此，我们不会将对事物产生的直觉称为"问题"，不过，一旦我们思考要对它们作出某种确定的判断，它们就被认定为"问题"。这不仅仅局限于他人向我们提出的问题。譬如，由于自身缺乏知识，或者确切地说，自己对事物存疑，苏格拉底获得了新的研究母题，第一次开始探究自己是否真的怀疑所有事物并坚信情况确实如此。

此外，我们试图在"问题"中由文字推出事物，由结果推出原因，由原因推出结果，由部分推出整体或其他部分，或设法同时推出上述几样。

若问题的难点仅在于所用语言晦涩难懂，我们便要努力从文字中推出事物。首先，我们要将所有谜语归到这一类情况，比如出自斯芬克斯的有关动物的谜语：什么东西一开始是四只脚，然后变成两只脚，最后变成三只脚。类似的还有一个渔夫的谜语：渔夫们站在岸边，拿着鱼竿和鱼钩准备钓鱼，说道，捉到的没有了，没有捉到的反而有了。其他谜语亦然。但除此之外，学者们争论的焦点大多数都是指称问题。我们本不应如此随意地评判伟大的思想家，只因他们没有用合适的措辞来解释这些对象，便设想他们对研究对象的理解是错误的。他们将身体周围的外表称作位置时，他们的理解没有出现真正的错误，而只是错误地使用了位置这个词，该词通常用于表示一种简单的、不言而喻的性质。利用这种性质，可将事物描述为在这里或在那里。这个词的本质在于表达在这个位置的东西与其外部空间一些地方的某种关系，而某些学者认为，既然位置一词是用于指称身体周围环境的表面，便可用事物的固有位置来命名这种性质——其实这是不准确的。其他情况也是如此。事实上，这些语言问题时有发生，如果哲学家们能就词语的含义达成一致，那么几乎所有争议都可消除。

若问及事物是否存在或事物是什么……我们便是在试图由结果推出原因。

　　然而，当我们提出一个"问题"并想要解决它的时候，往往无法马上知道该问题的类型，确定不了这个问题是要从文字中推出事物，还是要从结果中推出原因，等等。所以，在此处详细说明这些问题似乎是多此一举。我们不妨按顺序回忆一下解决任一类型的问题都必须遵循的所有步骤，这么做的话使用的篇幅会更少，也更方便。当此后提出任何"问题"时，我们都必须弄清楚它研究的是什么。

　　人们在研究中总是仓促行事，想出的解决方案也虚无缥缈，真相尚未有所显露便确定了所寻事实的识别标志。这种做法就像，一个小男孩受主人差遣去做一件事，还没收到具体命令就只急着应承，或是还不知道要去哪里就出发了。

　　然而，每一个"问题"都必须含有未知的东西，否则该问题便不必提出。但是我们必须通过具体条件来界定这个未知因素，从而确定我们研究的是某事物而不是其他事物。这些条件必须在一开始就予以关注。如果我们能够引导自己的思维，以明确直观的方式解释每个条件，努力研究正在发掘的未知事实在多大程度上受各项条件的限制，便会取得成功。在这一步，人类的思维往往会以两种方式陷入误区，要么所作假设超出问题实际所给的信息，要么反之，即对问题所给定的信息有所遗漏。

　　假设须小心谨慎，信息不要规定得太多、太死板。这主要适用于谜语和所有试图通过技巧迷惑人的问题。我们常常认为，似乎可以将自己已认可的事假定为真，这么做并非是出于有充分理由作为支撑，而仅仅是因为我们对此事一直深信不疑。因此，在其他"问题"中，我们也必须始终牢记这一点。例如，在斯芬克斯出的谜语中，没有必要认定"脚"这个词就只是指动物的脚；我们还需思考这个词是否可以用到其他东西上，比如婴儿的手或老人的手杖，因为在这两个意象中，人可以调动自己的身体零件和生活用品来像脚那样行走。同样，在渔夫的难题中，我们应该避免只想到鱼而排除穷人常常"被迫"带在身上，而一旦捉住之后就会扔掉的动物[1]。同样，研究一个容器的构造时也须保持警惕，比如，有这么一个容器，其内部中央有一根柱体，上面有一个坦塔罗斯雕像，姿势像是想喝水。往容器中倒入水，只要水位未高到足以进入坦塔罗斯[2]嘴内，水就会全部留在容器里；可一旦水碰到这个可怜人的嘴唇，容器中所有的水都会立刻流出容器。乍看之下，似乎所有别出心裁的设计都体现在坦塔罗斯像的制作上，但它其实只是一个附属品，不会对我们要解释的事实产生任何重要影响。这个问题的难点仅仅在于如何制作这样一个容器，才能使水到达一定高度时便全部流出，而在未达到高度之前没有水流出。最后，如果我们想要从恒星的观察记录中得到关于恒星运动问题的答案，就不能妄自假设地球不可移动，且它如古人所想那般，立于宇宙中心——尽管最初的时候看起来似乎是这样。对此，我们应该持怀疑态度，以便以后检验自己在这个问题上能获得什么成就。

另一方面，当一些确定问题的必要条件已经表明，或本应通过某种方式为我们所知悉，而我们未曾注意到，就会因自身的疏忽而犯错。这种情况有可能发生在永恒运动的研究中，这种永动不同于我们在自然界看到的恒星移动或泉水流动，而是人类制造的运动。许多人认为，永动是可能人为实现的。他们想的是：地球围绕地轴自转，做永恒运动，与此同时，它又通过地磁保持自身的所有特性，因此，人类可以通过设计使磁铁做圆周旋转，或

---

〔1〕这个谜语是古希腊哲学家赫拉克利特提出的，谜底是"虱子"。

〔2〕坦塔罗斯为希腊神话中宙斯之子，因罪被打入地狱，一直喝不到水，每次想要喝水，身边的水就会流开。

至少使其将它的运动和其他特性传递给一块铁，这就能够发明出永动机。虽然这一想法可以成功实现永恒运动，但这并不是人为产生的永动，而只是应用了一种自然运动，就如同将一个轮子放进一条流动的河水中，以确保其不断运动。由此可知，在解决该问题的过程中，有一必要条件被省略了。

　　清楚了"问题"的含义之后，我们就应该尝试着弄明白其疑难所在，以便将难点从错综复杂的情况中提取出来，使问题更容易解决。除此之外，我们还须注意其中涉及的各个独立问题，如果问题很容易解决，那么我们可以忽略不计；除去这些，便只剩下我们仍不清楚的问题。比如在刚刚讲到的容器的例子中，很容易看出应如何制作这个容器：须在其中心处固定一个柱体，还得在柱体上安装一个阀门。但因上述均未触及关键所在，我们便暂时不管。如此一来，自然就只剩下难点——我们需要解释已存于容器中的水在到达一定高度之后，就会全部流出。

　　因此，我们认为，值得花费力气的事只有：有条理地研究命题提供的所有信息，把明显不重要的搁置一旁，保留与难题息息相关的东西，将有疑问的部分留到更细致的研究中去解决。

原则十四

**对于物体的实际广延，同样的原则依然适用。广延需以
纯粹图形的形式诉诸想象，因为这是阐明和理解物体广延的
最佳途径。**

虽然我建议利用想象帮助思考，但我们必须注意，即使从已知的事实
中推断出未知的事实，也并不代表我们发现了任何新类型的实体，那仅仅是
整个知识体系的扩展罢了；在这个过程中，事物会以某种具体方式表现出命
题给出的数据性质，我们得以据此寻求其他组分。例如，一个天生双目失明
的人，很难凭借逻辑训练认识到颜色的真正含义，因为颜色是我们感官的产
物。然而，如果一个人曾看见过几大原色，即使他从未见过任何中间色或混
合色，也有可能通过某种推断，根据未知与已知色彩的相似之处建构起未知
色彩的图像来。同样，如果磁石中存在某种性质是我们的大脑暂时无法了解
的，那么，几乎没有办法仅靠推理将其找出；似乎只有具备某种新的感官，
或者某种神一般的智慧方才可能。然而，在磁石问题上，如果人类同胞极尽
所能可以研究透彻，我们不难相信，相应的能力在我们身上也一应俱全。只
要我们尽可能清晰地辨别出，我们已知的实体或性质的混合体如何产生我们
在磁铁中所注意到的现象，问题便可迎刃而解。

确实，所有这些人类已知的实体——广延、图形、运动等不胜枚举——
都是通过一种理念加以认识的，其形式在不同主题中大同小异。我们如何想
象银色王冠的模样，就如何想象金色王冠的模样。而后，这种共通的理念从
一个主题转移到另一个主题，仅仅依靠简单的比较，确定自己探寻的目标物

是否在某一方面与另一特定对象可比、相似，或等同即可实现。因此，在每一例推理中，我们只需通过比较就能获得真理的精确认识。如下例所示：已知所有 A 等于 B，所有 B 等于 C，即可知所有 A 等于 C。在这个例子中，我们将目标物 A 和基准数据 C 相互比较（二者均等于 B），以此类推。不过，正如我们经常指出的那样，三段论无法真正帮助我们发现对象中的真理，因此最好将上述推导统统忘记，只需理解这一事实即可：无论何种知识，归根结底都来自两个或多个对象之间的比较，而不依赖于人类对独立物体最单纯、最直观的感受。事实上，人类逻辑推导的全部任务，归根结底都是为比较这一行动做功课；如果比较既明显又简单，那么我们甚至不需要什么高深的手段，只需在自然光线之下简单观察，即可获得由比较带来的真理。

必须进一步指出，比较通常应该是明显而简单的，正如目标物和基准数据往往具有某类共同的性质。但首先需要注意的是，之所以有时需要为一些特殊的比较做些功课，原因只是在于，我们所说的共同性质在两种事物之间并非简单地平分，而是因不同的关系和比率差异而变得错综复杂。人类工业的任务正是在于改变这些复杂的比率，以彰显其探索的事物和其他已知事物之间的一致性，仅此而已。

其次，我们必须注意，除包容性较强的事物外，任何其他事物都无法简化为这种统一、大同的形式；所有看似统一的事物都只有在一定"量级"的范围之内方可成立。因此，若按照已知的规则把问题化为某些术语，并从特定主题概括出来，我们便会发现，需要解决的所有问题都由通常意义上的"量级"所构成。

然而，即便在这种情况下，我们也要运用想象，借助脑海中描绘出的具体图形开动脑筋，而不可诉诸主观臆断。而且，我们必须留心，凡是不能归于某一特定事物的东西，都不能以通常意义上的"量级"来衡量。

　　这使我们很容易得出这样的结论：将我们发现的、能够诉诸通常意义上"量级"的事物，转移到我们想象可建构的、最容易和最清晰的特定"量级"之上，或将大有裨益。但根据前述的原则十二，这种转移必须首先满足抽象意义上物体的真正广延（只不过该抽象物体具有图形）。因为在原则十二中，我们展示了想象本身以及它所包含的理念，并指出这种理念正是一个拥有广延和图形的真实物质实体。这一点本身也十分显而易见，因为除此之外，任何其他事物，无论以何种比率，均无法表现出如此明显的差异。虽然我们可以说，一件东西比另一件东西的颜色更白，或这个声音比那个声音更尖，或这个音调比那个音调更平，等等，但除非将数量看作某种程度上（拥有图形的）物体广延的类同，我们依旧无法确定二者相差的具体比例——是二比一、三比一，还是其他。所以我们可以确定无疑地断言，所有得到清晰限定的"问题"，其唯一的困难都只在于改变比率，使它们成为可成立的等式。同样，我们必须承认，在任何问题中，只要查知有同样的困难，都能够且应该轻而易举地脱离该问题与其他所有主题的联系，而立即以广延和图形的方式加以说明。从以上立场出发，我们此后只讨论这样的问题而忽略其他一切，直至原则二十五为止。

　　我固然希望，我的读者都是热衷于学习算术和几何的，但此处我更愿意他们没有学习过这两门学科，不是普通意义上的熟手，因为我即将展开介绍的原则，对算术和几何的学习者而言较为基础（也是学习这两门学科的全部前提），对其他学科的研究则不然。此外，该方法在获取深刻知识上成效卓著，以至于我可以放心大胆地说，它并非为前人处理数学问题而存在，而今人学习数学正是为了将它发扬光大。考虑到读者因素，我假定自己除了一些人尽皆知、不言自明的事实以外，不懂任何数学知识。不过，就算是基本常识，在人们的普遍认知里也存在许多模糊之处，不乏原则偏误，虽无中伤大雅之忧，却有遮蔽真知之虞。因此在接下来的阐述中，我们将顺便对之加以纠正。

借助广延法，我们得以了解任何具有长度、宽度和深度的事物，而无须纠结长宽深所描述的对象究竟是真实存在的物体还是一个空间；额外的解释似乎也是画蛇添足，因为没有什么比长宽深的概念更容易被大脑想象。然而，学问高深之人却常常摆弄细枝末节，使人囿于细微区别而忽略了自然之光的启迪，以至于连农人都清楚的一些知识也变得晦涩难懂。因此，我们要事先声明，这里所说的广延仅限于广延对象本身，而非任何与之有异、或与之无关的东西；我们有言在先，不承认那些不能真正呈现在想象中的形而上的实体。这样一来，即使有人将自然界中具有广延性的所有广延对象归为乌有，他也不会排斥广延本身的存在，因为这种形而上的观念无法构成任何有形的图像，无法超越这种基于错误判断的思辨本身。驳斥者若要仔细思考广延这一图像，必将诉诸想象、构建图形，从而不得不承认他这种思考的局限。因为他必将发现，在他进行感知之时，广延的图形并未与参照物相脱离，所以他对该图形的想象与自己的判断大相径庭。因此，无论我们的理智能否相信这一事实，抽象的实体在我们的想象中从未脱离它们固有的对象。

不过，既然我们将在接下来的篇幅里将想象力视作唯一助力，那么就有必要仔细区分我们所使用的概念是否在所有情况下均可表情达意、不被误解。为此，我们提出了以下三条准则：广延占据位置，物体拥有广延，但广延并非物体。

第一条意在表明，广延亦可指代"被广延之物"。我们说"广延占据位置"，即在说"被广延之物占据位置"。然而，为避免歧义，使用"被广延之物"这样的术语并无必要，它无法准确表达我们希望表达的确切含义——一个主体占据了位置，是因为该主体经过了广延。一些读者可能会将"广延占据位置"片面理解为"被广延之物即占据位置之物体",就像误读"被赋予生命的物体占据位置"一般。因此,我们要事先声明,虽然我们认为两个概念之间并无区别,但我们仍将使用"广延"一词,而非"被广延物"。

接着我们来看第二句:物体拥有广延。此处的"广延"与"物体"虽然在含义上并不相同,但是在想象之中,我们却从未构建出两个截然不同的概念——不是说物体为一,广延为二——构建的仅仅是"被延伸的物体"这一形象;且从事物本身的角度来看,正如同我所说,"物体被广延了",或者"广延的被广延了",都更为妥帖。这是那些只存在于他物中的实体的一个特点,如果脱离了它们所存在的主体,就永远不能被理解。这一特点恰恰与那些真正不同于其主体的事物相区别。例如,如果我说"彼得拥有财富",那么"彼得"这一概念就与"财富"大不相同;如果我说"保罗很富有",我所设想的画面就与"富人很富有"完全不同。未能区分这两种情况的差异是致使许多人误解的原因,在他们的观念中,广延之中包含着许多被广延物以外的其他东西,就如同他们认为,"保罗的财富"不同于"保罗自己"一样。

最后,我们来讨论第三句:广延并非物体。这里采用的术语"广延"与上面的讨论完全不同。此处我们赋予"广延"的含义,在想象中并没有相对应的特殊概念。事实上,第三句的整个论断都是直观理解的产物,只有最直观的理解才能将这类抽象的实体分离出来。但是对于许多人来说,这种理解无异于一块绊脚石,他们未曾见过广延的这种定义,所以无从想象广延的抽象存在,只能用一个真实的形象来表现它。此时,广延必然包含了物体的概念,如果有人说,这样构想出来的广延并非物体,就难免不小心陷入了这样的矛盾:同一事物、同一时间既是物体又不是物体。同样,界定广延、图形、数字、面、线、点、单位等名词的意义也非常重要,我们使用这些名词时必须有所局限，以排除一些确有关联的事物。因此，我们可以说"广延和图形并非物体"，"数字不是数出来的东西"，"面是物体的边界"，"线限制了面"，"点限制了线"，"单位并非数量"，等等，但所有类似的命题，如果是真的，就必须完全突破想象的界限。因此，我们将不在下文中讨论这类诠释。

但我们应该特别注意，使用想象帮助思考在其他所有命题中亦是可能的，也是必要的。虽然在其他命题中，这些术语保留了上文所述的意义，也从主题中获得了抽象的含义，且并不排除或拒绝与之确有关联的事物，想象的臂助依然可能且必要。原因在于，虽然严格意义上，"领悟"仅仅关乎命名后的所指，但想象亦应该在必要时构建起研究对象的正确图像，以便理解之本身可以聚焦于该对象未被命名的其他相关特性，而非轻率地认为它们已被排除在外并束之高阁。因此，如果研究对象是数，我们可以想象出一个物体，通过对它上面多个单位的求和来度量结果。然而，即使我们目前容许将理解聚焦且仅聚焦于对象所显示出的多样性，我们也必须提高警惕，不得在事后断言，我们将对象诉诸数值后，即已将其排除出在我们的概念之外。因为这正是那些将数字神秘化的人所做之事，虽然他们对这些空洞虚无的东西不至于奉为圭臬，但他们也可能认为"数字"这一概念与"计算得出的结果"截然不同。同样，当我们讨论图形时，必须谨记，我们所关心的是一个广延后的主体，尽管我们需要自我限制地将其想象为仅拥有图形的主体。当对象是物体时，我们依法炮制，想象自己所处理的对象并无二致，即也具有相当的长度、宽度和深度。即使讨论的是面，我们的考虑对象依然不变，只是这时只取长、宽而舍深度，但我们并不否认深度的存在。若研究对象为线，则只取其长；若为点，情况虽然一样，但是在我们的想象中，不再有长宽深的任何特征，它只是"存在"着的物体罢了。

尽管我一直在连篇累牍地谈论这个话题，我仍然担心人们的思想为偏见所支配，因为很少有人能阅读至此而免于歧途之险。无论我赘言几多，我或许还是解释得太过简略了。算术和几何学虽然是最精确的科学，却也免不了将我们引入歧途。因为，几乎所有的数学家都坚定地捍卫他自己所研究的数字——不仅是理解从任何主题中抽象出来的事物，也是想象之中彼此各异的对象。几何学家更是少有愿意摒弃不可调和的原理，以厘清主题之属。几何学家会告诉你，线没有宽度，面没有深度。然而，他又寄希望于从一个对象得出另一个对象，却忽略了一条线实际上就是一个物体，它运动起来即可成为一个面；或反过来说，"没有宽度"的线，只是物体的一种表现模式罢了。但是，如果就此打住，不再花更多的时间来讨论这些问题，也许解释一下我们的假设方式，也不误砍柴之功。我们有必要作出以下讨论，以便我们可以对算术和几何中确定无疑的命题以最容易的方式给出证明。

因此，我们接下来将讨论一个广延对象，并聚焦广延本身，而不考虑其他。我们将刻意避免使用"量"这个词，以期和那些把"量"和广延区分开来的、"无微不至"的哲学家作出区分。我们假定，问题可以简化为确定某一广延的问题，为此只需比较某一广延与确定已知的另一广延之间的异同即可。因为此处我们并不期待发现任何新的事实，只希望简化比率（不管多么复杂），以期发现未知与已知之间的某种对等关系。这样一来二去，可以肯定的是，这些主题中存在的比率差异，在两个或两个以上的广延之间依然普遍存在。因此，对于广延本身，只要我们将一切可以帮助我们确定比率差异的元素纳入考虑，我们的目的就不难实现。但可供我们借助的特征只有三个，即维度、单位和图形。

我所理解的维度，即某主体可借以衡量的方式及可借以衡量的方面。因此，不仅长、宽、深属于维度，重量也在维度之列——有衡量物体轻重的作用，速度同样是运动的一个维度，类似的例子不胜枚举。若将整体划分为若干性质相同的部分，不论划分的依据是事物的真实顺序，还是仅仅为方便理解而作，都是我们将数字应用于对象的确切维度。同样，尽管两个术语的意义并不绝对相同，构成数字的模式也无疑可称为维度的一种。因为我们依次处理各个部分，直到积小成大，最终达至整体的这一行为，足可称之为计算；反之，如果我们从整体出发，逐渐裂解成各个部分，那么我们衡量的对象也就成为了整体。所以，我们可以用年、日、时、瞬来衡量世纪，而若从瞬、时、日、年反积而上，我们也将得一个世纪的总和。

因此很显然，同一主体中，可能存在无限多的维度；而无论维度如何增加，拥有这些维度的对象均保持不变。不论这些维度的划分标准是真正的对象本身，还是我们脑海中任意的发明，均不会改变对象自身的意义。如重量确是真实存在于一个物体之上，运动中的速度也是一样，一个世纪之中的年、日的划分也是如此。但如果将一天划分成小时和瞬间，情况又有不同。不过，如果仅仅从维度的角度出发（正如我们此处的情况与数学的考虑），所有这些细分又都大同小异。反而是物理学更为纠结维度是否建立在真实对象的基础之上。

认识到这一事实对几何学有很大的启发，因为几乎所有人都误认为几何学有三种量：线、面和体。但如前所述，线、面和体之间没有真正的区别，线、面本身也并无区别。即使按纯粹本质将它们认作理解上的抽象体，它们并非不同种类的量，如同人可以划分为"动物"和"生物"，但二者作为物质种类并无大的不同一般。顺带一提，我们不能忽略的一点是，物体的三个维度长、宽、深，只是名义上不同的量。因为我们所研究的所有真实物体，均可以取长度、深度等以表示其任何广延。虽然长宽深三项维度在每一个被广延的物体中均不失真实基础，但是在几何学中，我们并未给予它们区别于其他维度的特别关注——精神创造的维度如此，于对象有其他真实基础的维度也是如此。例如，就三角形而言，如果要对其进行精确的测量，我们就必须知道它的三个特征，要么是三条边，要么是两条边和一个角，要么是两个角加面积，等等。现在，所有这些量都可以冠以维度之名了。类似地，对于四边形，我们需要知道五个特征；对于四面体，我们需要知道六个特征，以此类推。然而，如果希望择优而取，以最大程度帮助我们进行想象，我们同一时间选择的维度数量最好不要多于两个，即使我们知道在目标问题上必定有多个维度可供选择，也要尽量精简。因为我们方法的精妙之处正是在于可以区分尽可能多的元素。所以，尽管我们在同一时间只关注少数几个元素，随着时间的推移，我们终将逐个击破，一个不留。

依前所述，单位是一种共同要素，所有事物都应平等加入，以兹比较。如果单位的划分在我们的问题中还没有得到解决，也可使用已知量级进行表示，或换用我们喜欢的其他量级，只是该量级将成为其他量级的共同衡量标准。应当明白，共同衡量标准一经建立，所有维度都将存在于其中。事物将被切分为无数切片以兹比较，所有维度都将建立于其上，并共存于共同衡量标准之中。在我们的想象中，共同衡量标准要么（1）仅仅是广延后的物体，不具备其他更精确的维度。此时，它等同于一枚几何点，可以通过运动产生一条线；或者（2）是一条线；又或者（3）是一个正方形。

至于图形，前述已表明，仅凭它们即可构建所有对象的形象。这里需要指出的是，在无数样式各异的图形中，我们所采用的，将只是那些最容易表达关系或比例差异的图形。此外，供我们比较的对象只有两种：数集和量级。对于这两种对象，我们还可以通过两类图形来表示。例如，点可以代表三角形数 [即自然数的总和，如1、3、6、10等，对于所有给定数字 n，可得三角形数 $\frac{n(n+1)}{2}$] ；又如，表示系谱关系的"树"也是一例。这些数字都可以用来表示数集；而对于三角形、正方形等连续的不可分割的形体，则可以用以代表量级的性质。

然而，在上述数列中，为界定我们的择取标准，应当说明，这类事物之间所存在的一切关系都必须与两个方面联系起来，即顺序和尺度。

不仅如此，我们必须进一步说明，虽然顺序的确定并非易事（这篇论文就是很好的例证，由于顺序之棘手，它简直成了本文的唯一主题），但是一旦发现秩序，了解它就易如反掌。如原则七所介绍，我们可以轻易地将已排好序的独立元素在脑海中依次检视，因为就已排好序的元素而言，其相对直接的关系是望文自明的，无须额外对象的介入——如度量活动便为一例。这就是我们将着重展开讨论度量关系的原因。因为 A 和 B 的顺序不言自明，无须考虑除了二者之外的其他，这已是关系的绝对表达。然而，对于2与3的量级之比，就只有通过第三个要素，即单位这一共同度量方式，才能达成比较。

同样，我们必须谨记，借助我们假定的单位，连续的量级有时也可全部简化为数值表达，且此种简化总是可以部分地实现。此外，单位集合也可按照某种顺序进行排列，这就需要将度量问题转化为顺序问题。现在，在这种转化的加成下，我们的方法将大大推进问题的进展。最后需要说明的是，在连续量级的维度中，长度和宽度应该是最清晰的想象，如果要比较两个不同的事物的图形，我们最好单独聚焦于此二者。因为当我们有两个以上不同的事物可供比较时，我们的方法正是依次审视各元素，而同时关注的元素不应超过两个。

通过观察这些事实，我们很容易得出结论。这就是说，我们完全有理由将命题从几何学所研究的图形中抽象出来，正如我们完全有理由从别的主题中抽象出命题一样。此外，在抽象化的过程中，我们只需保留直线面和矩面，保留直线亦可——直线也可以称之为图形，因为如前所述，它和面一样，是我们想象一个可广延物体的有力臂助。最后，上述图形现在已经可以代表连续的量级，单位集合和数字也是如此。就表达关系的不同而言，或许人类穷尽才智之能事，也再想不出比这更简单、更完全的方法了。

原则十五

描绘形象，使其以外在感官可感知的形式展现，可以帮助我们持久地专注，大多数情况下，这种方式是有益的。

描绘这些形象，使之呈现在我们眼前并在我们的想象中更加明晰，这种方式是不言而喻的。首先，我们可以用三种方式来呈现单位：若我们考虑长与宽，则可以描绘方形；若我们仅考虑长度，则可以描绘直线；若我们仅考虑构建集合的单位，则可以描绘一点。但无论我们如何描绘和构想，都应该谨记，单位是向多方向、多维度延伸的物体。命题也是如此，若我们希望同时考量一项命题的两个不同量，我们可以用一个长方形来表示，设长方形的两边为变量。如果这两个变量不能用单位度量，我们可以用图形 ⊞ 表示，如果可以度量，则可以用 ⦂⦂ 表示。如果不涉及更多变量，我们就已经解出了所有题目。如果我们只关注命题的一个量，则可以用 ▭ 表示，设其中一边为变量，另一边为单位。因此，当我们将所设量与某一面相比较时，则会出现 ▭ 的形式。如果所设量是不可度量的长度，我们也可仅用直线表示，如＿＿＿；若是数量单位，则如••••••。

原则十六

如果我们遇到的问题目前无须关注，那么，即使这些问题是我们得出结论的必经之路，也最好是用高度凝练的符号来表示，而不要用完整的图像。之所以这样做，一方面是为防止因记忆缺失而出错，另一方面也是为避免花心思记住这些问题的同时，还要分心留意其他从推理中得出的问题。

我们有一个准则：人通过想象可描绘的内容甚广，涉及方方面面，然而肉眼可见或精神可知的层面应当不超过两个。因此，将所有无须现在关注的内容保存下来是十分重要的，这样就可以在需要时毫不费劲地想起。记忆这种能力似乎便为此而生。但是，考虑到该能力可能会让我们失望，且为了避免埋头思考其他事情时还要费神地提醒自己记得某事，写作这一方法便于人文科学中应运而生。借助写作，我们不再给记忆留下任何负担，而是解放想象，让其有的放矢地接受当下占据脑海的印象与想法，并将应保留的东西写在纸上。在这个过程中，我们会使用最简单的符号，以便按原则九检查清楚每一个要点后，能够按照原则十一的要求在脑海中将这些内容快速过一遍，凭直觉一次性接受尽可能多的东西。

因此，从解决问题的角度出发，凡视作单一者，皆由单一符号表示，该符号可通过不同方式进行设计，只要有理有据即可。但是，为了方便起见，我们会用小写字母 a、b、c 表示已知量，用大写字母 A、B、C 表示未知量，并常常会在表示已知量的字符前加上数字符号1、2、3、4等，以表明所含已知量的数额；若想表明已知量中含有多少需要探讨的关系，我们则会将数字符号附到已知量符号的后面。因此，式子 $2a^3$ 等于 "a^3" 所表示的量的两倍，a^3 代表的量本身包含三种关系。这种方法不仅可以节省文字，而且最重要的是，可以通过一种独立的、不受限的方式来展现问题的项，这样的表达完整且无任何遗漏，所用符号无冗余，亦无须大脑同时掌握大量事物而做无谓的消耗。

要更好地理解这一方法，首先要注意，算术家们往往通过一组组单位或一些数字来表示完整的量，我们则通过对数字本身进行抽象来达到目的，这与对几何图形或其他事物进行抽象相同，就像我们刚做的那样。我们这样做，部分原因是要避免多余的计算，那样的长篇大论又枯燥无味，但主要是为了使所探讨的内容中与问题有关的部分保持清晰，而不会和那些毫无用处的数字混淆不清。例如，直角三角形的直角边边长分别为9和12，若求其斜边长，算术家会给出结果为 $\sqrt{225}$，即15。但是，我们可以用 a 和 b 分别代替9和12，得到斜边长为 $\sqrt{a^2+b^2}$；该表达式中的 a^2 和 b^2 这两部分始终保持清楚明了，而数字则会将它们完全混淆。

接下来要注意的是，前面所说的一个量附带的关系数是指一系列连比比值，比如，在代数中，现在的趋势是尝试用不同的维数和图形来进行表达，连比的第一项命名为根，第二项称为平方，第三项叫作立方，第四项称作四次方，依次类推。我承认，很长一段时间我都是这么理解这些概念的，因为在直线和正方形之后，再不能想象出除立方体和其他同类图形以外的更清晰直观的结构了；借此，我成功解决了不少难题。但最后，我经过检验发现，没有图形的帮助就不能轻易对这些概念产生清晰的认知，我也从未通过这种方法发现任何新东西。我意识到，如果不想使对事物的理解与认知变得混乱不堪，就必须完全放弃这种命名法；根据之前的原则，命名为立方或四次方的量级，除非化作一条线或一个面，否则人们永远无法对其展开想象。因此，我们必须清晰地认识到，根、平方、立方等，都仅仅是连比的项，且这些项都暗示了前文提到的那个任意选择的单位是事先假设好的。第一个比例项与该单位直接相关，比率恒定不变。第二个比例项则需要第一个比例项作为中介，与该单位产生联系，因此，第二个比例项与该单位的关系由两个连续比率产生。第三个比例项需以第一个比例项和第二个比例项为介导，因此和标准单位有三重关系，其他同理。为此，我们之后会将代数中称为根的量级叫作第一比例项，将称为平方的量级叫作第二比例项，依此类推。

最后，必须注意一点，尽管此处为了研究问题的本质，我们从复杂数字中抽象出有关项，但相较于将数字抽象化，给出数字往往能找到更简单的解决方法。这是因为，数字具有双重功能，能通过相同的符号表示次序和量。因此，为问题寻求一般解决方案时，应当将问题的项进行转化，将其替换为问题所给出的数字，以便察看这些数字能否为我们提供更简单的解决方案。比方说，在上面的例子中，在推断出一直角三角形的两直角边边长分别为 a 和 b，其斜边等于"a 的平方"与"b 的平方"之和的平方根，之后我们便应当用81替换"a 的平方"，用144替换"b 的平方"，相加得出225，它的根，或者说单位与225之间的比例项是15。我们会发现，长为15的斜边与长为9和12的直角边之间存在公约数，这便不同于直角边边长3和4的直角三角形的斜边规律。要想发掘不同的新知识，就要坚持将知识进行对比区分。算术家则截然不同，他们只满足于所求结果出现，而无论数据如何影响结果。然而，后者严格说来恰巧是科学之所在。

此外需要注意的是，一般情况下，不需要一直记住的东西如果能记在纸上，就无须费神记在心里，以免浪费精力。所谓浪费精力，便是我们的注意力被脑海中浮现的某一对象所占据，但这一对象又无须牢记于心。我们应当制作一个参考表，在问题的项初次出现时便将其列入表中。然后，我们将说明如何对问题的项进行抽象表达，以及将使用什么符号，以便得到解决方案。这样，无须借助记忆便能很容易地将其应用到我们正在讨论的特定情况中。事实上，只有增强普遍性，抽象才有存在的意义。所以，书写应如下：求直角三角形 ABC 中斜边 AC 的长（抽象地说明问题，以通过普遍规律由直角边的长推出斜边的长）；然后，用 a 代替长为9的直角边 AB，用 b 代替长为12的直角边 BC，以此类推。最后，提请大家注意，相较于一直以来的设想，我们会对原则十三、十四、十五和十六进行更具概括性的构思，但这四条原则将进一步应用于本著作的第三部分，我将在适当的地方加以解释。

原则十七

对于问题的讨论，我们应当抛开某些项已知、某些项未知而不顾，通过直接通观来认识单独项之间的相关性，以便我们找到项与项之间的真正联系。

前面的四条原则表明，当我们确定且完全理解了问题的难点所在时，就可以把它们从问题中抽象出来，并将它们进行转化。那么唯一需要研究的便只剩下，如何根据所求量与其他已知量的某种固有关系得出未知量。但在接下来的五条原则中，我们将说明如何以另一种方式处理相同的问题：一个命题含有许多未知量，但这些未知量互相具有从属关系，第一个量从属于某一数目，第二个量从属于第一个量，第三个量从属于第二个量，第四个量从属于第三个量，如此下去，无论总量多大，都指向某一已知量。在此过程中，必须使用确定无疑的方法，使我们绝对有把握认定：穷尽人类智慧将该问题中的项概括成最简单项的莫过于此。

然而，现在我要说的是，每一个需要通过演绎来解决的问题，都有一个简单直接的途径，借此，我们可以更容易地从一组项转移到另一组项，而相比之下，其他途径都比较困难，需要走弯路。为了理解这一点，须记住原则十一的有关内容，我们在该部分阐述了命题链的本质，即比较相邻项，我们便会发现第一项与最后一项相互联系，但要由两端推出中间项并不那么容易。因此，如果我们将注意力集中在命题链各环的相互关系上，不中断链条顺序，这样就可以推断出最后一环与第一环之间存在怎样的依存关系，如此我们得以直接审视该问题。但另一方面，如果我们已知第一项和最后一项以某种方式相互联系，要想基于此推断连接这两项的中间项的性质，我们就应遵循一种迂回颠倒的次序。但是，由于我们此处只是考虑涉及的问题，其中的难点在于，已知两端项，要通过反推得出某些中间项。这种方法的关键在于把未知事物当作已知事物来对待，从而才能采用简单直接的调查方法。如此一来，无论多复杂的问题都可以解决。要实现这个目的并不困难，因为我们在这一部分的开头就已假定自己认识到研究中的未知项依存于已知项，即前者取决于后者。如果我们认识到这一点，对于先出现的项，即使是未知项，也可以将其当作已知项，由此，通过真实存在的联系步步推导出其他项，甚至将那些已知项看作未知项也完全能实现这一原则的目的。这一主张及其后续内容将留到原则二十四（在笛卡尔的论文中没有发现这样的原则）说明，在该部分解释起来会更方便。

原则十八

为了这一目标，只需要进行加、减、乘、除四种运算即可。其中，后两种运算在此通常不予讨论。这样做既为规避任何未预见到的复杂情况，也因为将其留待后续处理起来会更加容易。

原则错综复杂，往往源于教师经验的不足；本可用一条普遍原则一言以蔽之，若分散在许多特定陈述之中，事物便自然不再清晰。因此，我们建议简化整个活动，在我们的推算（从其他量中推导出特定量之活动）中，将其减少为四个要点。从以下解释中不难明白，它们将如何达到目的。

以下是我们的简化过程。如果已知某一量的组成部分，要求解该量，这便是加法；如果已知整体和其他部分，要求解另一部分，这便是减法；除此之外，任何其他方法均不能从固定的已知量中推出未知量，也无法从整体量中推导出部分量。但是，若要从完全不同且毫无包含关系的其他量中推导出未知量，就必须另谋他路来将未知量与已知量相联系：如果要直接描绘这种关联或关系，需使用乘法；如果要间接描绘，则需使用除法。

若要清楚地解释后二者，则必须认识到，在此，前述的单位为一切关系的基础，在等比数列中居于首要地位。此外，如果比例是直接的，则已知量排第二，待求量排第三、第四等，排第一的为数列之中的其他量；如果比例是间接的，则待求量或其他中间量居于第二位，已知量应居于最后。

因此，如果某单位下 a 为已知量，且 a 等于给定数字5，b 亦为已知量，且 b 等于7，二者同为（注意，此处笛卡尔并未也不便坚持使用大写字母来表示未知量）待求量 $ab = 35$ 的单位，则 a 和 b 居于第二位，其乘积 ab 居于第三位。同样，若已知 c 的单位是1，且 $c = 9$，ab 的单位也是1，且 $ab = 35$，二者同为待求量 $abc = 315$ 的单位，则项 a、b、c 之积 abc 居于第四位，项 a、b、c 则居于第二位，以此类推。类似地，已知1是 $a = 5$ 的单位，则 a 是 $a^2 = 25$ 的单位，$a^2 = 25$ 是 $a^3 = 125$ 的单位，$a^3 = 125$ 是 $a^4 = 625$ 的单位，以此类推。因为，不管量是自乘还是乘以另一个完全不同的数，乘法运算的过程都是完全相同的。

但如果已知某单位下给定的除数 $a = 5$ 和待求量 $B = 7$ 均为给定被除数 $ab = 35$ 的单位，此即为间接或倒序的例子。求出 B 的唯一方法是用已知量 ab 除以已知量 a。如果命题为"某单位下待求量 $A = 5$ 为已知量 $A^2 = 25$ 的单位"，或"某单位下待求量 $A = 5$ 与待求量 $A^2 = 25$ 是已知量 $A^3 = 125$ 的单位"等，情况不变。所有这些计算都属于"除法"一类，尽管我们必须注意后两例比第一例更为困难——因为未知量中包含的倍数更大，在待求问题中涉及更多的关系，但其方法与"求 $a^2 = 25$ 的平方根"，"求 $a^3 = 125$ 的立方根"等命题相同。

这就是算术家通常描述问题的方式。又或者我们可以用几何学家的术语来解释这些问题：相同的命题如"给定单位量与已知量 a^2，求比例中项"或"求单位量和 a^3 之间的两个比例中项"，等等。

从以上考虑出发，很容易推知，这两种运算足以推出所有待求量，只要这些量可以根据某种关系从其他运算中推导出来即可。既然我们已经掌握了这两种运算，接下来要展示的内容为：如何将这些活动置于想象的查探之下；如何将其呈现于实际情况之中，以阐释其运用。

就加法或减法而言，我们可以将对象设想为直线或只考虑长度的某一广延量：如果要将直线 a⌊_⌊_⌊_⌋ 加之于直线 b⌊_⌊_⌋，也就是这样相加

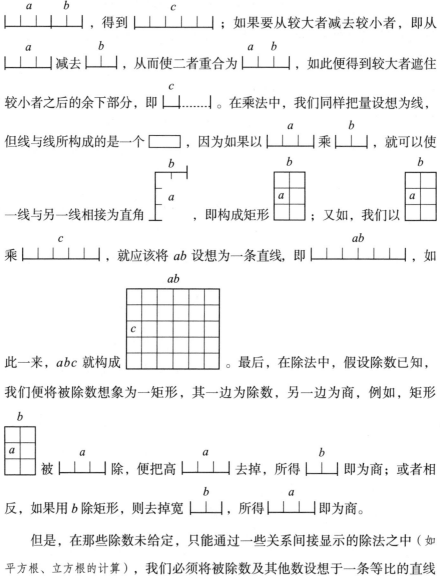

，得到 ；如果要从较大者减去较小者，即从 减去 ，从而使二者重合为 ，如此便得到较大者遮住较小者之后的余下部分，即 。在乘法中，我们同样把量设想为线，但线与线所构成的是一个 ，因为如果以 乘 ，就可以使一线与另一线相接为直角 ，即构成矩形 ；又如，我们以 乘 ，就应该将 ab 设想为一条直线，即 ，如此一来，abc 就构成 。最后，在除法中，假设除数已知，我们便将被除数想象为一矩形，其一边为除数，另一边为商，例如，矩形 被 除，便把高 去掉，所得 即为商；或者相反，如果用 b 除矩形，则去掉宽 ，所得 即为商。

但是，在那些除数未给定，只能通过一些关系间接显示的除法之中（如平方根、立方根的计算），我们必须将被除数及其他数设想于一条等比的直线之上，其上第一项是单位，最后一项是被除数；并在适当的地方表明，第一项和最后一项之间，所有比例中项如何确定。至此，需要指出，根据我们的假设，这些活动还未充分完成。因为要完成这些操作，还需我们的想象进行一种间接、反向的运动，而现在我们所讨论的问题均只涉及一种直接的思想活动。

至于其他（直接）操作，利用前述的想象方式执行起来毫无困难。然而，我们仍然需要说明在这些操作中所用术语之构建的方式。在遇到问题之初，我们完全可以将其自由想象成直线或矩形，而不考虑任何其他图形（见原则十四）。即使如此，通常情况下，在解决问题的过程中，为了进一步的运算，我们要将本来由两条直线倍增而构成的矩形想象成一条直线。或者，亦可认为现在将本来的矩形（或由直线通过加、减构成的图形）画在一条分割线之上，从而形成了新的矩形。

因此，有必要在此阐明，如何将一个矩形转化为一条直线；或反之，如何将一条直线甚至一个矩形转化为另一个边界分明的矩形。对于几何学家来说，这或许是世界上最简单的事情了，只需注意到，每当比较直线和矩形时（正如此例），我们应将直线也想象为矩形，取其中一边为我们所设的单位长度即可。如此，整个问题便可转化为：给定一个矩形，在给定边上构造另一个与它相等的矩形。

即使对几何的初学者而言，该问题也是相当简单的，但我仍想稍作解释，以防遗漏任何要点。

原则十九

这种推理方法要求我们找出所有未知项的对应量,并将其作为已知量处理,以使求解过程更加直接,且这些量必须用两种不同的方式来表示。如此我们可以得到与未知量同样数量的等式。

原则二十

得到等式后，需继续进行我们遗漏了的运算，如果可以使用除法，则无须使用乘法。

原则二十一

如果存在数个这样的方程，需将它们简化为一个在等比数列中方程项所占位置较少的方程。方程的项应该按照数列的顺序进行排列。

中国古代物质文化丛书

“锦瑟”书系